Libro de apicultura para principiantes

Estrategias de dinero masivo, Suministros apícolas & Plan de negocio & Financiación para Su negocio de abejas

Por Brian Shawn

Índice

Introducción

Capítulo 1: La asombrosa abeja de la miel

Capítulo 2: Tipos de abejas y suministros apícolas

Capítulo 3: Planificación de la colonia

Capítulo 4: Plagas y salud de la colmena

Capítulo 5: Ganar mucho dinero con productos apícolas

Capítulo 6: Cómo recolectar productos apícolas

Capítulo 7: Seguridad en la apicultura

Capítulo 8: Cómo crear una empresa paso a paso

Capítulo 9: Cómo redactar un plan de empresa

Capítulo 10: 5 millones de dólares para financiar su empresa

Cap. 11: ¡Crowdfunding gratuito de Colossal Cash!

Capítulo 12: ¡Anúnciese gratis ante mil millones de personas!

Recursos apícolas Conclusión

AGRADECIMIENTOS

QUIERO RECONOCER EL DURO TRABAJO DE LOS HOMBRES Y MUJERES DEL EJÉRCITO DE LOS ESTADOS UNIDOS, QUE ARRIESGAN SUS VIDAS A DIARIO PARA HACER DEL MUNDO UN LUGAR MÁS SEGURO.

Aviso legal

Este libro se ha escrito como guía y únicamente con fines informativos, educativos y de entretenimiento. No ofrece garantías expresas ni implícitas de ningún tipo.

Los lectores reconocen que el autor no se dedica a prestar asesoramiento jurídico, financiero, médico o profesional, y que la información contenida en este libro no pretende sustituir a ningún consejo profesional. En caso de necesitar asesoramiento en cualquiera de estos campos, se aconseja recurrir a los servicios de un profesional.

Aunque el autor ha intentado que la información contenida en este libro sea lo más precisa posible, no se garantiza la exactitud ni la vigencia de ninguno de los artículos. Las leyes y procedimientos relacionados con los negocios, la salud y el bienestar cambian constantemente.

Por lo tanto, en ningún caso el autor de este libro será responsable de ningún daño especial, indirecto o consecuente ni de ningún daño relacionado con el uso de la información aquí facilitada.

Introducción

INTRODUCCIÓN

No estoy seguro de la edad que tenía, pero fue hace tanto tiempo que no tengo un recuerdo claro. La única razón por la que lo sé es porque mis padres me lo enseñaron.

Mi abuelo era apicultor comercial y fue uno de los pioneros en esta profesión. Era fruticultor y descubrió que tener colmenas en sus huertos mejoraba notablemente la productividad de los árboles.
Afirma "que cualquier aumento de la productividad supondrá un cambio significativo en los ingresos de cualquier familia". Lo cual es asombroso, ¿no?

¿Sabe que los productos derivados de la miel, a diferencia de muchos otros bienes como los cultivos y el ganado, tienen unas perspectivas de negocio asombrosas y producen alimentos sanos?

Pensar en tener colmenas no es tan difícil como puede parecer. De hecho, tiene muchos beneficios, como la recolección de miel de tu propio jardín o saber que tus abejas ayudan a la polinización de las plantas locales.

Pero la apicultura, por otra parte, no es una práctica fácil. Algunos problemas importantes a los que se enfrenta la gente son la falta de conocimientos apícolas, cómo iniciar una colonia, las plagas de las abejas melíferas y la insuficiente investigación sobre los productos de las abejas melíferas.

Así pues, si es usted nuevo en la apicultura o quiere iniciarse en ella como un pasatiempo gratificante o un negocio con el que ganar dinero, tener conocimientos sobre temas apícolas le ayudará a prepararse de antemano para cualquier problema y le ayudará en la cosecha de su colmena.

INTRODUCCIÓN

También es posible que, como apicultor novato, le asuste el coste inicial de la apicultura. Tenga en cuenta que si está pensando en iniciarse en este negocio o hacerlo por diversión, necesitará una colmena, equipo de protección adecuado, un ahumador y una herramienta para colmenas, entre otras muchas cosas. Por eso es importante informarse brevemente con antelación.

Las enfermedades y las plagas son otros problemas muy comunes y populares a los que se enfrentan las abejas. Por eso es muy importante aprender a mantener a salvo a sus abejas y a resolver los problemas que pueden encontrar los apicultores como usted en este campo.

Así que si usted está buscando cualquier libro práctico, entonces usted ha venido al lugar correcto. Porque este libro contiene toda la información que necesita saber para poner en marcha su negocio. Realmente responderá a algunas de sus preguntas y le proporcionará una explicación más profunda de los métodos utilizados.

También resultará atractivo para quienes nunca han criado abejas y tienen planes de hacerlo. Incluso si le interesan poco las abejas, su lectura puede resultarle interesante.

En el primer capítulo leerás por qué es importante la miel y cuáles son los distintos tipos de abejas melíferas. También tendrá una idea de cómo trabajan para recolectar la miel. En el segundo capítulo leerás sobre las diferentes especies de abejas melíferas y cómo puedes iniciar un negocio de apicultura y qué herramientas necesitas para ganar mucho dinero con los diversos tipos de productos apícolas.

INTRODUCCIÓN

En el tercer capítulo leerás cómo colocar tu colonia, con sencillas instrucciones paso a paso. En el cuarto capítulo hablo de diferentes problemas de plagas en las colmenas y sus soluciones. En el quinto capítulo leerá sobre los productos derivados de la miel y en el sexto descubrirá cómo producirlos. El séptimo capítulo trata de la seguridad de las abejas, y de cómo quitarle el aguijón a ser apicultor.

Este libro también ofrece soluciones a una serie de problemas sanitarios y de plagas de las colmenas que usted va a experimentar. Su claridad y sus exhaustivas explicaciones sobre todas las facetas de la apicultura lo convierten en un excelente recurso para todo apicultor.

Toda la información presente en este libro le enseñará apicultura y le introducirá en este hermoso mundo, para que pueda ser feliz y tener éxito en su empeño apícola.

He cursado estudios universitarios de Entomología y he investigado mucho sobre las abejas melíferas en los últimos años y tengo profundos conocimientos sobre la apicultura y las abejas melíferas. El libro compartirá mi visión y los conocimientos acumulados en este largo viaje.

Obtendrá conocimientos asombrosos y una comprensión profunda de las abejas y su funcionamiento. Este libro, le ayudará a educar sobre todos los puntos importantes de la apicultura, con una información muy valiosa para que los apicultores tomen nota.

INTRODUCCIÓN

Este libro le habla en un lenguaje fácil de entender y evita el uso de jerga técnica difícil de comprender para un apicultor principiante.

La apicultura puede ser tan exigente como satisfactoria. Por eso, este libro le ayudará a afrontar cualquier reto que se le presente en este asombroso viaje.

Así que ¡anímese! Estás a punto de dar el primer paso en el maravilloso mundo de la apicultura.

Capítulo 1: La asombrosa abeja de la miel

LA ASOMBROSA ABEJA DE

¿Sabe que las abejas de la miel desempeñan un papel muy importante en la polinización de las flores? Las distinguirás fácilmente por sus rayas negras y doradas, sus hermosas alas transparentes y su característico cuerpo.

También las encontrará volando de flor en flor, y es tan difícil imaginar este mundo sin ellas, como difícil es imaginar un mundo sin árboles. Esta trabajadora criatura alada lleva millones de años polinizando nuestras plantas y creando el jarabe dorado que llamamos miel.

Las abejas, perfectamente aptas para la polinización, ayudan a las plantas en su desarrollo, reproducción y producción de alimentos. Normalmente desempeñan esta función trasladando el polen de una planta en flor a otra, manteniendo así el ciclo vital. Según las investigaciones, la polinización es necesaria para la distribución y supervivencia de al menos el 30% de los cultivos del mundo y el 90% de todas las plantas.

El primer paso

Así que si está pensando en convertirse en apicultor, aprender todo lo que pueda sobre las abejas será el primer paso para llegar a ser un buen apicultor. Habrá posibilidades de que vea algo nuevo cada vez que entre en su colmena debido a diversas variables que pueden afectar a sus abejas melíferas.

LA ASOMBROSA ABEJA DE

Como apicultor, debe ser creativo para averiguar por qué las abejas se comportan de determinada manera y cómo tales comportamientos pueden afectar a su bienestar, a fin de tomar decisiones de gestión eficaces.

La abeja melífera europea, Apis mellifera, es la especie de abeja más común en Estados Unidos. Hay más de 20.000 especies de abejas reconocidas en el mundo. Sólo en Norteamérica hay 4.400 especies diferentes de abejas, incluidas colonias sociales de abejorros, abejas solitarias que anidan en túneles y abejas solitarias que anidan en el suelo.

Las abejas de la miel dedican toda su vida a mantener la colmena. Cada abeja tiene un trabajo único que hacer, y ese trabajo debe completarse para que la colonia sobreviva.

Tipos de abejas melíferas en una colonia

Las abejas de la miel son insectos sociales asombrosos que utilizan un sistema de castas para realizar actividades importantes que garantizan la existencia de la colonia. Por ejemplo, miles de abejas obreras estériles realizan tareas como cocinar, lavar, amamantar y proteger la colonia. Los zánganos macho existen exclusivamente para aparearse con la reina, la única hembra fértil de la colonia.

Abeja reina

La abeja reina se reconoce normalmente por su vientre, que es alargado, puede verse a través de sus alas plegadas. El tamaño medio (longitud) de una abeja reina es de 0,8 pulgadas/2 cm.

LA ASOMBROSA ABEJA DE

El papel de la abeja reina

El papel de la reina en la colmena es la puesta de huevos. Suele ser la única hembra reproductora de la colonia. Al principio de la primavera, cuando las obreras se llevan el primer polen a casa, comienza el proceso de puesta de huevos. La producción de huevos continuará hasta el otoño, o si el polen ya no es viable. Al principio de su vida, se aparea, almacena millones de espermatozoides en su cuerpo y fecunda sus huevos como desea. Tiene la capacidad única de poner hasta 2.000 huevos en un solo día.

Pone huevos no fecundados para producir zánganos machos. Una abeja reina suele vivir de tres a cinco años. Cuando termina de poner huevos, la colmena empieza a buscar una sustituta y alimenta con jalea real a una larva en desarrollo.

La segunda cosa que hace es que la abeja reina libera constantemente feromonas, una forma de olor de abeja que sólo pueden detectar las abejas de la colmena. Estas feromonas mantienen a las obreras libres de gérmenes al tiempo que sirven de aviso al resto de la colonia de que la reina sigue viva y se encuentra bien.
Se cree que este olor diferente confiere a la colonia un sentimiento de pertenencia y una personalidad única.

La vida de una abeja reina

Se dice que una reina productiva que es querida por la colonia y no tiene ninguna enfermedad puede vivir al menos dos años, pero puede vivir tres o cuatro años o incluso más.

LA ASOMBROSA ABEJA DE

Drones

La abeja zángano es otra parte importante de una colonia de abejas, y es una abeja macho que nace de un huevo no fecundado. Los zánganos carecen de aguijones y tienen unos hermosos ojos más grandes. No desempeñan ningún papel en la protección de la colmena, ya que carecen de las partes del cuerpo necesarias para recoger polen o néctar, por lo que no pueden contribuir al suministro de alimentos de la comunidad. El tamaño (longitud) medio de una abeja zángano es de
0,6 pulgadas/1,5 cm.

El papel de las abejas teledirigidas

La función principal del zángano es aparearse con la reina. Este proceso de apareamiento tiene lugar en vuelo, lo que explica claramente por qué los zánganos necesitan una mejor visión, que les proporcionan sus ojos anchos. Si un zángano se aparea con éxito, morirá poco después de la relación sexual porque el pene y los tejidos abdominales relacionados serán arrancados de su cuerpo.

En otoño, las abejas obreras vigilan el suministro de alimentos y mantienen a los zánganos fuera de la colmena cuando no son importantes, esencialmente matándolos de hambre.

La vida útil de un dron

La vida media del zángano es de unos 55 días. Los zánganos que se aparean con nuevas reinas mueren casi instantáneamente. Sin embargo, se han registrado casos de zánganos que viven hasta 90 días, es decir, de 12 a 13 semanas.

LA ASOMBROSA ABEJA DE

Abejas obreras

Las abejas obreras son la parte más pequeña de la casta de las abejas, pero, al mismo tiempo, son las más abundantes. Muchas de estas obreras son hembras y, en la mayoría de los casos, son incapaces de reproducirse. Estas obreras no pueden aparearse, pero en una colonia, si no hay reina, empezarán a poner huevos no fecundados, que se convertirán en zánganos.

Estas abejas obreras tienen tres ojos claros (ocelos) en el vértice y ojos compuestos bien desarrollados a los lados de la cabeza. Para chupar el néctar de las flores, tienen una lengua bien formada y alargada. El tamaño medio (longitud) de una abeja obrera es de 1 cm.

Papel de la abeja obrera

Se llaman abejas obreras por una verdadera razón: ¡porque son las criaturas más trabajadoras de esta comunidad! Excepto poner huevos, estas abejas realizan todas las tareas críticas de una colmena. Su edad decidirá qué trabajo se les asigna.

Estas obreras realizan todas las tareas obligatorias en una colonia, incluyendo:

- Esconde la cera de la colmena y la forma en panales.

- Recogen todo el néctar y el polen, los llevan a la colmena y lo convierten en miel.

LA ASOMBROSA ABEJA DE

• Fabrican jalea real para que se la coman la reina y las larvas jóvenes.

• También se ocupan de las necesidades importantes de las larvas y las reinas.

• Tapan las celdas de larvas maduras para la pupación y limpian la colmena de restos y abejas muertas.

Estas abejas también protegen la colmena de los ladrones y la mantienen caliente, fresca y ventilada para mantener unas condiciones óptimas en la colmena. En invierno, su principal objetivo es mantener viva y caliente a la reina agrupándose a su alrededor.

El racimo se vuelve más compacto a medida que baja la temperatura. Las abejas obreras, temblorosas, generan calor y cambian con frecuencia de lado a lado entre las partes interior y exterior del racimo. De este modo, salvo en caso de frío muy extremo, ninguna abeja puede congelarse.

La vida de una abeja obrera

En la estación normal, las abejas obreras viven unos 38 días, y viven 60 días en primavera, e incluso más en invierno.

El ciclo vital de la abeja melífera

La abeja de la miel tiene cuatro etapas vitales: huevo, larva, pupa y etapa adulta de la abeja de la miel.

LA ASOMBROSA ABEJA DE

Fase 1 - El huevo:

Ahora ya sabes que sólo la reina abeja de la colonia es capaz de poner entre 2.000 y 3.000 huevos en un solo día. Al tercer día, el huevo está erguido y ha caído a un lado. Es importante señalar que una abeja reina pone tanto huevos fecundados como no fecundados. De estos huevos fecundados saldrán las abejas hembras o abejas reinas. Las abejas macho, también conocidas como abejas zángano, nacerán tras la eclosión de los huevos no fecundados.

Fase 2 - La larva:

Tres días después de que el huevo se convierta en larva y seis días después de la puesta del huevo en la colmena, la diferencia entre una obrera y una abeja reina puede ser visible. Durante sus tres primeros días como larvas, todas las larvas, incluidas las abejas hembras, las obreras y los zánganos, son alimentadas con la "jalea real". Durante esta fase, la larva muda su piel varias veces. Posteriormente, la jalea real sólo se da a las larvas hembras, que se convierten en abejas reinas. Por último, las abejas obreras aplican cera de abeja en la parte superior de la celda para asegurar y apoyar el desarrollo de la larva hasta convertirse en pupa.

Fase 3 - El Pupal:

En esta fase, a la abeja le habrán crecido alas, ojos, patas y un pequeño vello corporal, y se parecerá visualmente a una abeja adulta.

Fase 4 - El adulto:

La abeja adulta joven saldrá por sí misma de la celda cerrada cuando la pupa haya madurado. Independientemente de si se trata de una obrera, un zángano o una reina, el tiempo que tarda cada uno en salir de la célula huevo puede variar ligeramente.

- Una abeja reina tarda normalmente 16 días en pasar de embrión a adulto.

- Normalmente, una abeja obrera tarda unos 22 días en alcanzar la plena madurez.

- Normalmente, un zángano tarda 24 días en convertirse en abeja adulta.

El proceso de elaboración de la miel

Las abejas melíferas intentan producir la mayor cantidad de miel posible durante todo el periodo de meses de verano para fortalecer la colonia durante su "temporada baja". La miel se utiliza como fuente de nutrición para las abejas jóvenes. Las abejas de la miel recién nacidas comen néctar y polen para fortalecerse y empezar a trabajar al llegar la primavera.

Sin embargo, el procesamiento de la miel es un proceso de varios pasos, como cabría esperar. Descubramos cómo las abejas melíferas fabrican este valioso alimento para la colonia paso a paso.

LA ASOMBROSA ABEJA DE

Etapa 1: Recogida del néctar

En la primera fase, cuando una abeja obrera ve un buen suministro de néctar, se pone manos a la obra. Chupa el néctar del interior de las flores con su probóscide (una lengua larga en forma de tubo) y, en un solo viaje de búsqueda, puede visitar más de 100 flores.

El néctar suele guardarse en un saco especial llamado tripa de miel, junto con una pequeña cantidad de saliva de abeja melífera. La abeja obrera sólo regresará a la colmena para vaciar la tripa de miel y dejar la carga.

Etapa 2: Pasar el néctar a las abejas domésticas

En la segunda , las abejas domésticas, que viven en la colmena, esperan la llegada de las buscadoras. Las abejas buscadoras pasarán el néctar a las abejas domésticas, que inician entonces el proceso de fabricación de la miel. Las enzimas alteran el Ph. y otras propledades químlcas del néctar cuando es masticado y transferido de abeja a abeja.

En esta fase, la mezcla de néctar y enzimas contiene un exceso de agua que debe conservarse durante el invierno. Corresponde a las abejas secar esta .

Etapa 3: Evaporación del agua de la miel

En la tercera fase, la abeja obrera evapora el agua. Al pasar la miel de abeja a abeja, se pierde parte del agua. Las abejas, por su parte, utilizan dos formas diferentes para secar la miel. De una manera, la miel se esparce por el panal.

LA ASOMBROSA ABEJA DE

Este método amplía la superficie del agua, lo que permite una mayor evaporación.

Para aumentar el flujo de aire y evaporar aún más líquido, las abejas pueden abanicar sus alas por encima de la miel. Con el tiempo, el contenido de agua de la miel desciende hasta un 17-20%, frente a un enorme 70%. Las abejas se esfuerzan mucho por conseguir su alimento, lo cual es muy interesante y digno de elogio.

Etapa 4: Conservación de la miel

El almacenamiento es la etapa final de todo el proceso de elaboración de la miel. La miel se coloca en las celdas de los panales, donde permanecerá hasta que las abejas quieran . Cada celda se cubre con cera de abeja para mantener la miel fresca.

Cera de abejas

La base de la colmena está hecha de cera de abeja. Las abejas obreras utilizan la cera de abejas Apis para construir el panal en forma de hexágono en el que viven, trabajan, crían a sus crías y almacenan sus provisiones. La cera de abejas es transparente en su estado normal. Cuando el polen o el propóleo la tiñen, adquiere el color dorado brillante que identificamos con la cera de abejas. La cera se compone de unas 300 sustancias diferentes. Su composición varía algo según la ubicación de las abejas melíferas.

LA ASOMBROSA ABEJA DE

Propóleo

Se trata de una especie de pasta que fabrican las abejas para sellar su colmena y protegerla de las enfermedades. El propóleo es una sustancia antibacteriana, antifúngica y antivírica compuesta de cera de abeja, miel y resinas de árboles. Limpia y protege la colmena. También es muy pegajoso, por lo que a las abejas les encanta utilizarlo para tapar los huecos y agujeros que encuentran en sus viajes de limpieza.

Así es como las abejas producen miel. Sin embargo, trabajan muy duro porque, de una sola vez, sólo producen una parte de miel. Una cucharadita requiere el trabajo de al menos ocho abejas a lo largo de su vida. Por suerte, normalmente producen más de lo que quieren, lo que nos permite a nosotros obtener también un poco.

Danza de la abeja de la miel

Como las abejas no pueden comunicarse verbalmente, utilizan danzas especiales para comunicarse. Utilizan las danzas para dar una serie de señales, que van desde la necesidad de enjambrar hasta la ubicación específica y la distancia a una fuente de alimento.

La danza en círculo y la danza de la cola son las dos formas de danza de las abejas, mientras que la danza de la hoz sirve como estilo de transición. La energía de las danzas viene determinada por la consistencia y la cantidad del suministro de alimentos en todas las situaciones.

LA ASOMBROSA ABEJA DE

Baile circular

La danza circular, como su nombre indica, es un movimiento circular. Esto especifica que el suministro de alimentos se encuentra a menos de 50 metros del nido.

Baile del meneo

Las abejas de campo, de hecho, realizan la "danza del meneo". Cuando descubren abundancia de néctar, regresan a la colmena y ejecutan la danza para alertar a las demás abejas de la ubicación de las flores. La danza del meneo es un movimiento en forma de ocho que realizan las abejas al mover el abdomen y que utilizan para encontrar comida a más de 150 metros de distancia.

La danza también representa la posición de las flores en relación con la luz, y las abejas cambian la danza automáticamente a medida que el sol se desplaza por el cielo. La longitud de la danza puede utilizarse para comunicar la distancia exacta. Una danza más larga denota una distancia considerable.

Como puedes ver, por su capacidad de comunicación, su organización social y el valioso trabajo que realizan, ¡la abeja de la miel es realmente asombrosa!

CAPÍTULO 2: Tipos de abejas y suministros apícolas

TIPOS DE ABEJAS Y MATERIAL APÍCOLA

La apicultura no es un tipo de afición que se elija al instante. A diferencia de hacer footing o tejer, primero debe disponer del equipo necesario antes de empezar. Si es un principiante, hay dos cosas en las que debe pensar antes de empezar.

 En primer lugar, hay que decidir qué raza de abeja encargar, a quién y, en segundo lugar, dónde adquirir los paquetes y las reinas, etc. Empecemos por las herramientas y el equipo básicos.

Para empezar, aquí tiene una lista de suministros apícolas importantes:

Colmenas

La mayoría de los apicultores novatos prefieren comprar piezas de colmena listas para montar, pero construir su propia colmena es posible. Si lo hace, es importante que atenga a las dimensiones exactas de la colmena que le guste. A veces se construye un panal donde no es necesario debido a unas dimensiones incorrectas de la colmena.

Cuando construya sus colmenas, debe tener una idea clara de dónde vivirán sus abejas. Las colmenas se dividen en tres categorías.

· Colmena Langstroth

· Colmena de barra superior

· La colmena Warré

TIPOS DE ABEJAS Y MATERIAL APÍCOLA

Averigüemos cuál es el mejor estilo para usted.

Colmena Langstroth

El reverendo Lorenzo Lorraine Langstroth (1810-1895), natural de Filadelfia, creó el estilo en 1851.
Esta estructura se compone de cajas cuadradas apiladas unas sobre otras con marcos intercambiables para que las abejas creen panales.

Partes de una colmena Langstroth

Aquí están las partes importantes

de la colmena Langstroth. Cubierta superior/ventilada:

Esta parte de la colmena la mantiene seca en caso de lluvia. Es igual al tejado de una casa.

Funda protectora interior:

La cubierta interior se encuentra entre la caja superior de la colmena y la cubierta exterior. Protege el marco y evita que se pegue a la cubierta exterior. Durante el proceso de extracción de la miel, puede servir para que las abejas se escapen.

Marcos de colmena:

Los marcos desmontables se encuentran en las cajas de las colmenas. Los marcos están disponibles en diferentes tamaños. Las abejas utilizan la base de cera de abeja como guía para crear panales dentro de los marcos de madera. Las abejas jóvenes, el polen, el néctar y la miel se almacenan en diferentes celdas del panal.

TIPOS DE ABEJAS Y MATERIAL APÍCOLA

Sábana Excluidora Queen:

Esta parte de la colmena sólo permite volar a las abejas obreras, impidiendo que la reina y los zánganos accedan a la miel. Se trata de una pieza de equipamiento opcional que impide que la reina ponga huevos en las alzas melarias. Sin embargo, un excluidor no es utilizado por cualquier apicultor.

Fundación:

Es importante tener en cuenta que dentro de las cajas, la mayoría de los apicultores utilizan láminas de base de cera de abeja (o plástico) como guía. Esto anima a las abejas a construir panales rectos dentro de las láminas.

Super superficial:

El tamaño más común para la producción de miel son las alzas poco profundas.

Super profundo o caja de cría:

También se conoce como cámara de cría, y tiene más cuadros que el mega poco profundo. La reina pondrá huevos para la próxima generación de abejas en esta parte de la colmena. Las abejas nodrizas cuidan de las crías en esta maternidad.

La base de la colmena:

Las tablas de fondo están disponibles con fondo resistente o tamizado.

TIPOS DE ABEJAS Y MATERIAL APÍCOLA

En una colmena Langstroth se puede utilizar cualquier variación de los tres tamaños de supercajas: cría, medianas y bajas.

Colmenas de la barra superior:

Las colmenas de barra superior también son una muy buena opción de compra. Especialmente los apicultores de traspatio y los cultivadores ecológicos recurren cada vez más a las colmenas de barra superior. Es el tipo de colmena más antiguo y utilizado del mundo. Se coloca una colección única de barras horizontales sobre una colmena en forma de artesa cubierta por una tapa abisagrada o desmontable, y las abejas crean de forma natural sus panales hacia abajo a partir de estas barras.

No hay puertas y tampoco es necesario un suelo para mantener la colmena nivelada. Unas simples cuñas o listones de madera se introducen en las ranuras para que las barras cuelguen rectas. Una colmena de barras superiores es bastante sencilla de construir, pero también existen en el mercado colmenas de barras superiores comerciales.

En las versiones más complejas de este estilo, la zona de cría de las abejas está definida por una tabla divisoria que delimita los primeros 8 a 10 barrotes adyacentes a la abertura de la colmena, por donde las abejas entran y salen fácilmente. La tabla divisoria se empuja lateralmente y se insertan más barrotes a medida que la colonia se expande y el panal y la miel llenan los barrotes. Cuando las barras están envueltas en un panal lleno de miel, cosecharlas es tan sencillo como levantarlas.

TIPOS DE ABEJAS Y MATERIAL APÍCOLA

Colmena Warré:

Otro estilo de barra sorprendente es la colmena de Émile Warré (war- RAY), que fabricó a mediados del siglo XX. Esta colmena especial se denomina colmena de barra superior vertical en lugar de colmena de barra superior horizontal larga. No encontrará marcos ni láminas de base en cajas apiladas idénticamente espaciadas. El panal lo construyen las abejas a partir de las barras superiores del interior de cada caja.

Las cajas vacías suelen colocarse en la parte inferior de la pila, en lugar de en la parte superior, para que la colonia tenga más espacio por encima. Los apicultores que utilizan el estilo Warré a veces "superan" su colmena. Creen que esta disposición se asemeja más a la vida de las abejas en la naturaleza.

Así que durante los primeros años, recomendaré a los nuevos apicultores que empiecen con una colmena Langstroth. Estos son, en mi opinión, los mejores tipos de colmenas para los principiantes, porque aún tienen mucho que aprender sobre apicultura.

Punto a tener en cuenta: Sea cual sea la opción que elijas para iniciar tu afición, es una buena idea empezar poco a poco, para no perder dinero ni tiempo si piensas cambiar de método más adelante.

Ahumador

¿Sabe que el humo, utilizado adecuadamente y con moderación, puede ayudar a relajar a las abejas? Para un par de colmenas, un pequeño ahumador .

TIPOS DE ABEJAS Y MATERIAL APÍCOLA

Si tiene cuatro o más colmenas, necesitará una más grande. El objetivo es crear humo blanco y fresco. Para ello, compra combustible para ahumadores o utiliza agujas de pino secas en tu ahumador.

Traje de abeja

Su traje de apicultor será una inversión importante. Puede comprar trajes menos caros, lo que es perfectamente aceptable al iniciar cualquier nuevo negocio.
Sin embargo, hay que tener en cuenta que algunos de los trajes de mayor calidad serán más útiles en el futuro.

Herramienta colmena

Es una especie de espátula de hierro aplanada. Tiene un extremo afilado para introducirlo entre las cajas de la colmena para separarlas, y el otro doblado a 90 grados para separar los marcos. La utilizarás para raspar el exceso de panal o los restos de varias partes de la colmena, así como el pegamento de abeja (Propóleo).

Cepillo de abejas

En las colonias de Apis mellifera, un cepillo para abejas se utiliza normalmente para cepillar las abejas de un panal antes de retirarlo para su extracción. También puede utilizarse para reunir a las abejas dispersas durante una colmena de enjambre.

TIPOS DE ABEJAS Y MATERIAL APÍCOLA

Velo de abeja o sombrero de abeja

Se utiliza para protegerse la cara de las picaduras de abeja. Está confeccionado con una malla negra de nylon para mosquitos con tela en la parte superior e inferior. La tela inferior debe tener un borde elástico para mantenerla en su sitio alrededor del cuello.

Guantes de mano

Suelen ser de lona gruesa, cuero flexible o tela engomada, y son ideales para dar confianza a los principiantes. Su muñeca tiene una disposición elástica que protegerá las manos de las picaduras de abeja.

Zapatos

El calzado es un equipo muy útil, sobre todo cuando una abeja puede trepar por la pernera de tu pantalón y picarte. Es una de las picaduras más dolorosas cuando se produce de forma inesperada y en un lugar sensible, como el muslo.

Atrapadora de reinas

El capturador de reinas también es muy útil, especialmente cuando va a retirar a la reina durante un breve periodo de tiempo. Esta práctica herramienta te permite atrapar e inspeccionar a tu reina sin causarle ningún daño.

TIPOS DE ABEJAS Y MATERIAL APÍCOLA

Extractor de miel

Es una especie de máquina manual o motorizada con una cámara giratoria en la que encajan los cuadros, y que extrae la miel en su forma más pura del panal. Gracias a su energía centrífuga, la miel burbujea fuera de los cuadros sin partir el panal.

Existencias de abejas

Sin duda tendrá que comprar las primeras abejas hasta que capture un enjambre. Por eso es importante saber qué tipos de abejas hay disponibles antes de comprar el primer paquete. Esto también le ayudará a determinar qué abejas tendrán éxito en su zona.
A tener en cuenta: es importante encargar las abejas con antelación para poder recibirlas en casa en abril o mayo.

Es importante tener en cuenta que no existen especies de abejas "naturales", porque sus abejas pueden aparearse con otras abejas en el campo. Esto dará lugar a una mezcla de especies de abejas diferentes.

Las abejas italianas

Las abejas obreras italianas son de color claro, mientras que la reina es un poco más oscura, lo que hace que sea más fácil verla. El abdomen de las abejas obreras también tiene rayas superpuestas.

La abeja italiana, originaria de la península italiana de los Apeninos, se introdujo en América en 1859. Desplazaron a las abejas negras o alemanas traídas por los primeros colonos.

TIPOS DE ABEJAS Y MATERIAL APÍCOLA

Las abejas más habituales son las italianas. Son famosas por ser muy mansas y producir mucha miel. Suelen criarse en el sur y pueden vivir sin problemas a temperaturas más frías, ya que necesitan más alimento para compensar su incapacidad de formar un racimo apretado como otras formas de abejas melíferas. Las abejas italianas son excelentes cazadoras y mantienen su colmena en excelentes condiciones.

Sin embargo, si quiere conocer algunos de sus inconvenientes, estas abejas italianas forman enjambres y su sentido de la orientación no es tan bueno como el de otras abejas, por lo que pueden vagar de colonia en colonia y robar con frecuencia. Esto puede provocar la transmisión de enfermedades entre colmenas.

La abeja rusa

Las abejas rusas se presentan en dos colores: marrón oscuro y negro, con el vientre amarillo más pálido. En 1997, la abeja rusa se introdujo en Estados Unidos. Las abejas de Estados Unidos sufrían problemas muy graves, como el fracaso de las colonias, que llevó a algunos apicultores a destruir hasta el 90% de sus colmenas.

El USDA respondió introduciendo la abeja rusa, que destacaba por su resistencia a los parásitos. Esperaban que esta población ayudara a salvar a las abejas estadounidenses, ya que los parásitos eran una de las razones relacionadas con el colapso de las colonias. Estas abejas son un poco más feroces que las italianas.

TIPOS DE ABEJAS Y MATERIAL APÍCOLA

La abeja de Buckfast

Este tipo de abejas son de color amarillo y marrón y su aspecto es similar al de las abejas de la miel.
Las abejas de Buckfast son un híbrido. El hermano Adam, de la abadía de Buckfast, en el suroeste de Inglaterra, las desarrolló en el siglo XX. Se introdujeron en Estados Unidos a través de Canadá y ahora están ampliamente disponibles.

Las abejas Buckfast son resistentes al ácaro traqueal y pueden prosperar en climas fríos. Son tranquilas, fáciles de trabajar y contienen mucha miel. Tienen poca tendencia a la enjambrazón y son económicas en sus mercados de invierno.

Las abejas Buckfast están acostumbradas a vivir en inviernos fríos y lluviosos, por lo que están acostumbradas a ampliar rápidamente el tamaño de su colmena en primavera. Estas abejas son una buena elección para los aficionados de traspatio que quieran sacar algo de miel de la ganga.

La abeja carniola

Estas abejas también son especies de abejas melíferas muy populares. Las abejas carniolas tienen el vientre oscuro con manchas marrones o parches sorprendentes. Las encontrará un poco más pequeñas que la mayoría de las razas de abejas, pero eso no parece afectar a su capacidad para buscar y volver a la colmena con reservas de polen y néctar.

TIPOS DE ABEJAS Y MATERIAL APÍCOLA

Es famoso el carácter perezoso de estas abejas, pero también están consideradas entre las grandes productoras de primavera. Siguen teniendo una de las lenguas más largas de todas las especies de abejas, lo que simplifica la polinización de cultivos como el trébol.

Esta cepa de abejas tolera mejor las temperaturas más frías y puede invernar con éxito. Uno de los aspectos menos atractivos de estas abejas es les gusta enjambrar más que a otras especies.

Comprar abejas

Como novato, es mejor empezar comprando abejas. También es la forma más sencilla para un apicultor inexperto de poner en marcha una colmena. El paquete de abejas o una colmena núcleo son los dos métodos más comunes de recibir abejas. Vamos a informarnos sobre ellos.

Paquete Abejas:

En primer lugar, deberá ponerse en contacto con un proveedor o una sociedad apícola local para encargar una caja de abejas. En la mayoría de los juegos se incluye una reina, algunas obreras y un alimentador de jarabe de azúcar. La instalación de las abejas del kit en su nuevo hogar y la incorporación de la abeja reina al plantel correrán a cargo del proveedor de abejas. Ella se mantiene segura dentro de una jaula especial que se incluye con su caja de abejas.

La táctica indirecta es la forma más tradicional de añadir una reina. Las abejas obreras irán conociendo a la nueva reina a medida que vayan comiendo lentamente el tapón de comida de su jaula.

TIPOS DE ABEJAS Y MATERIAL APÍCOLA

Núcleo Colmena:

También puede encargar esta colmena. Un núcleo (también conocido como "nuc") se conoce como media colonia. Un núcleo de 5 cuadros es el tamaño más común. Tendrás 5 marcos de panal, abejas, polen, una reina y una cría (abejas bebé).
Al comprar un núcleo, se obtiene una ventaja
 en la formación de colonias.

Sin embargo, este método es más peligroso que utilizar abejas de paquete, ya que el panal de la colmena donante propagará plagas y enfermedades a tu colmena. Para saber dónde comprar buenas abejas en tu zona, ponte en contacto con una asociación apícola local.

Ahora ya lo sabes todo sobre los distintos tipos de colmenas, los distintos tipos de abejas que tienes para elegir y sus características. Así como el equipo básico necesario para empezar.

Muy bueno. Y sólo estamos en el 2º capítulo.

CAPÍTULO 3: Planificar su colonia

PLANIFICAR SU COLONIA

Planificar su colonia es esencial para tener una colmena productiva y sana: en primer lugar, tendrá que aprender las normas para iniciarse en esto de la apicultura; en segundo lugar, elegirá el mejor emplazamiento para sus colmenas y se asegurará de tener el hábitat adecuado.

Las abejas sólo necesitan un agujero seco, alimento (néctar, polen o un sustituto de jarabe y polen si no se dispone de suministros naturales) y control de parásitos. Mi regla es que no hay que hacer nada hasta que no se entienda bien lo que se está haciendo. Por lo tanto he intentado cubrir todo lo que usted necesita saber para comenzar este negocio.

Aquí tienes un plan paso a paso guiarte y resolver cualquier duda.

Paso 1: Elija la ubicación

En primer lugar, lo más importante de las abejas es que pueden sobrevivir en casi cualquier clima. Por eso es importante elegir primero una ubicación. Intenta mantener la colmena bajo el sol naciente (Este) o hacia el (Sur). El sol en la colmena por la mañana es útil porque calienta la colmena y las abejas.
También es importante protegerlos de la humedad; deben mantenerse alejados del suelo. También puedes echar cemento para facilitar el mantenimiento después de arreglar el campo.

Coloque siempre las colmenas en un lugar seguro. Evite las colinas, siempre ventosas. Aléjese también de los lugares bajos que retienen aire frío durante periodos prolongados y son húmedos.

PLANIFICAR SU COLONIA

Asegúrate de que la zona de tu colmena está limpia y no tiene problemas de agua para que puedas acceder fácilmente al colmenar.

Las abejas necesitan agua cualquier día del año, además de sol. Así que asegúrese de tener agua cerca. Si usted o sus vecinos tienen piscina, prepare una fuente de agua alternativa para las abejas cuando las visiten, de modo que el agua tratada químicamente no las tiente. Las piscinas deben estar más cerca de la colmena que esta fuente.

Las abejas quieren néctar y polen. ¿Tendrá que alimentar a las abejas para mantenerlas vivas? Sí, es posible que a veces tenga que ayudar a las abejas a alimentarse. Esto es especialmente cierto durante las sequías o para ayudar a una colmena debilitada a prepararse para el invierno. Esto nos lleva al tema de las fuentes de alimento (trataremos este tema en una parte posterior de este capítulo).

Por último, las abejas quieren intimidad. Coloque las colmenas lejos de zonas muy transitadas, como parques infantiles, piscinas y zonas de mascotas. Coloque la colmena en un lugar que esté idealmente a 15 metros de las zonas de mucho tráfico, pero si el espacio es reducido, ponga la colmena cerca de una valla alta o un seto. Las abejas y los humanos siempre serán más felices si están lejos del ruido.

Paso 2: Instalación del núcleo/paquete

Un núcleo o paquete de abejas incluye una joven reina sana y un hermoso racimo de abejas. Como un núcleo ya tiene una familia, puede crecer aún más rápido. Lo que es bueno cuando eres nuevo en la apicultura,

PLANIFICAR SU COLONIA

Te recomendaré que empieces con un núcleo pequeño para que tengas más tiempo para aprender antes de que se convierta en una colonia masiva y protectora.

¿Cómo transferir la colonia de núcleos?

Después de recoger la caja de nidos, hay que ir directamente a la colmena para evitar el sobrecalentamiento en el coche.

A continuación, coloca la caja de alzas sobre la caja de la colmena o dentro de ella, como prefieras. A continuación, en uno de los lados cerca del fondo, abre la entrada de la caja nuc. Lo más probable es que las abejas salgan, pero no te preocupes; pronto se callarán y se pondrán a trabajar rápidamente.

Además, no necesita encender su ahumador para esta parte, pero es una buena idea usar su nuevo velo de abeja y su herramienta de colmena como prueba. Tu herramienta para colmenas te ayudará a cortar la cinta y abrir la puerta si el proveedor ha tapado su entrada con cinta.

Dado que las abejas se colocarán en su nuevo hogar, verá mucho ruido en la colmena. La recolección de polen y néctar comienza casi de inmediato, así que no la pierdas de vista.

Tienes que seguir estos pasos.

· En primer lugar, ponte la gorra, el velo o el traje de apicultor para vestirte adecuadamente. Una colonia nuc puede ser más resistente que un grupo de abejas. Tienen una cría que quieren proteger.

PLANIFICAR SU COLONIA

· En segundo lugar, encienda el ahumador. Eche una pequeña cantidad de humo blanco frío cerca de la entrada del nido. Esto tendrá poco efecto sobre las abejas, pero ayuda a reducir la respuesta de alerta.

· Necesita preparar cinco marcos para su colmena vacía. (Suponiendo que utilices una colmena Langstroth de 10 marcos.) Coloca dos marcos a cada lado de la colmena.

· Ahora saca tu caja nuc e intenta abrirla. Empieza esto con mucho cuidado, extrayendo uno de los marcos fuera de la caja del núcleo. No sabemos exactamente en qué marco vive la reina. ¡¡No aplastes ni hagas rodar a tu reina!!

· Cuando haya colocado todos los marcos, incluido el de la reina, en la nueva colmena, para completar la formación de 10 marcos, añada el último marco vacío a la colmena.

· Ahora cerrará la colmena e instalará su alimentador. Es muy importante alimentar a su núcleo. Aunque al principio tenga 5 panales, todavía tienen mucho trabajo por delante.

· Recuerde volver a colocar correctamente su reductor de entrada antes de establecer una colonia de núcleos. Hasta que la población se reproduzca, queremos que la entrada sea un poco pequeña.

Una semana después: Es hora de revisar su colmena por primera vez.

PLANIFICAR SU COLONIA

Punto a tener en cuentaEn cierto modo es un reto difícil pasar de un nuc a una Warre o Top Bar. Es posible, pero no es un procedimiento sencillo y requiere una comprensión adecuada. Por ello, un apicultor nuevo sólo puede aceptar un núcleo si su colmena preferida es una Langstroth.

¿Cómo transferir la colonia de paquetes?

1. Una cosa que debe tener en cuenta tras recibir la caja es ponerla en un lugar frío y oscuro durante algunas horas para animar a las abejas a "descansar" antes de instalarlas en su colmena. Asegúrese de proteger a las abejas del calor o el frío excesivos, así como de sonidos ruidosos o vibraciones inusuales. En esta fase, puede rociar diariamente a las abejas con jarabe de azúcar (1 parte de azúcar y 1 de agua) antes de colocarlas en la colmena.

2. Ahora es un buen momento para volver a comprobar si todo el equipo de la colmena que ha comprado funciona correctamente.

3. Una vez que hayas ajustado el equipo y puedas colocar las abejas en la colmena, aliméntalas de nuevo con jarabe de azúcar y lleva la caja al colmenar (sujetando los laterales de madera). Para evitar que te piquen a través de la rejilla, mantén las manos alejadas de los laterales de rejilla de la caja. Coloca la caja en una zona sombreada del campo.

4. Ahora quita cuatro marcos del centro de la cámara de cría para dejar espacio para las abejas en la colmena.

PLANIFICAR SU COLONIA

5. Ahora quitarás el panel de madera de la primera caja de abejas con la herramienta para colmenas.

6. Extraiga con mucho cuidado el comedero de hojalata y la jaula de la reina del orificio superior de la caja.

7. Para comprobar la reina, hay que sacudir las abejas del exterior de la jaula de la reina para asegurarse de que sigue viva y funciona bien. Coloque la jaula de la reina en un lugar sombreado. Para evitar que las abejas se escapen, vuelva a colocar el panel de madera sobre el agujero.

8. En la colmena, coloca la jaula de la reina.

9. Sólo antes de introducir las abejas en la colmena, golpee con fuerza el paquete contra el suelo una vez para empujar a las abejas hacia el fondo del accesorio. Al hacerlo, compruebe cuidadosamente que la tapa de madera se mantiene en su sitio.

10. Ahora retire el panel de madera e invierta el kit sobre el cuerpo de la colmena con facilidad. Sacuda con fuerza las abejas en el interior de la colmena. También es de esperar que tengas que sacudir la caja muchas veces. Si hay muchas abejas , no hay que preocuparse; sólo están "confundidas" pero no serán agresivas, y pronto se calmarán y se unirán a la colmena.

11. Coloque el paquete delante de la puerta de la colmena, ayudando a las abejas a arrastrarse hacia el interior de la colmena. Una vez que las obreras se hayan dispersado por el tablero inferior, basta con devolver los marcos a la colmena, aquí hay que tener mucho cuidado para no aplastar a ninguna abeja.

PLANIFICAR SU COLONIA

Ahora es el momento de colocar a la Reina en su castillo?

1. Para colocar a la reina en su castillo con el caramelo de azúcar blanco, quitarás la tapa de plástico del lado largo de la jaula de la reina. Verás que en uno o dos días, las abejas se comerán el caramelo y liberarán a la reina.

2. Este proceso ayudará a las abejas a acostumbrarse a la reina, disminuyendo las posibilidades de que ésta sea rechazada. Tenga en cuenta que, sin el caramelo, el corcho no caerá por el extremo de la botella.

3. Ahora, coloque la jaula de la reina con el lado de las golosinas hacia arriba entre los dos marcos centrales de la colmena. Asegúrese de que la jaula está bien sujeta entre los marcos, para que no se deslice hasta el suelo de la colmena.

4. Alimentar a la nueva colonia con jarabe de azúcar. Es importante que las abejas tengan un suministro constante de alimentos; principalmente, que la colonia tenga almacenado un suministro adecuado de miel.

5. Vuelva a colocar las cubiertas interior y exterior, así como la tapa.

Nota: No olvides comprobar la colonia después de los 5 primeros días de instalación del kit para asegurarte de que la reina sigue viva y ha sido liberada. Después de otros 5 días, revisa la colonia cuidadosamente para ver si la reina ha empezado a poner huevos. En medio de las celdas, los huevos emergen como pequeños granos de arroz de pie. En este momento, si es necesario, añada más jarabe de azúcar.

PLANIFICAR SU COLONIA

Después de instalar correctamente
el paquete de abejas

Hay que asegurarse de no tocar la colmena durante al menos una semana. Sé que esta es la parte más difícil. Pero es un punto muy importante. Si perturbas a las abejas, matarán a su reina en lugar de darle la bienvenida.

· Asegúrese de que el cargador está perfectamente cargado.

· Los verás volando por todas partes. Tal vez estén desconcertadas. Pronto las verá hacer vuelos de orientación fuera, delante de la colmena. Esto durará unos días antes de asentarse.

· Vigile a las abejas mientras se llevan las abejas muertas, también conocidas como abejas enterradoras. Esta es una de las primeras cosas que puedes ver, y te informará de que la colonia va bien.

· Esté atento a las abejas que llevan polen en sus alas, que utilizan para alimentar a sus crías. Esto indica que pronto tendrás una reina ponedora.

Ventajas de Nuc sobre un paquete

Es cierto que la colonia ya está generada.

· Ahora las obreras y los zánganos están familiarizados con la reina, por lo que no es necesario un nuevo proceso de "aclimatación".

PLANIFICAR SU COLONIA

· En la colonia hay todo tipo de abejas, desde huevos recién puestos hasta abejas adultas.

· El núcleo produce ahora miel y polen, necesarios para la existencia de la colonia.

· La colonia está activa y puede seguir cazando de inmediato.

· Cuando se trata de un núcleo, se utilizan las abejas y los marcos que venían con él. En consecuencia, basta con colocar los marcos en una caja Langstroth y el proceso queda completado.

Ventajas del paquete sobre un Nuc

A partir de la caja, las abejas se colocan en la colmena. Puede tener cualquier colmena nueva como Langstroth, Top Bar o Warre en estilo. Usted será capaz de utilizar cualquiera de estas colmenas una vez que las abejas se establecen en su colmena.

Paso 3: Alimentar a las abejas

Ahora hablemos del tercer paso, que es alimentar a sus abejas.

Empecemos por el "POR QUÉ".

Debe comprobar cuidadosamente que al menos uno de los panales exteriores contiene miel conservada, ya que es posible que su nuc llegue hambriento.

PLANIFICAR SU COLONIA

No hay necesidad de alimentar si hay un fuerte flujo de néctar cuando el núcleo está unido, pero alimentar con jarabe de azúcar a la pequeña colonia libera a las abejas de la necesidad de buscar néctar y les permite, en cambio, centrar su atención en la recolección de polen, la cría de crías, la producción de cera de abejas y la extracción de panales.

El procesado de la cera de abejas, que se utiliza para "sacar" los cuadros de la base en "panales sacados", requiere una gran cantidad de azúcar (ya sea del néctar o del jarabe). Como resultado, alimentar con jarabe de azúcar a la nueva colonia diariamente antes de que todos los cuadros de la caja inferior estén completamente estirados suele ser una buena práctica.

¿Cuándo y cómo alimentar a sus abejas?

Como sabes que las abejas sólo pueden crear panales en los cuadros calentados, no podrán sacar panales fuera del racimo a menos que haga mucho calor. La sobrealimentación haría que las abejas llenaran el nido de cría de néctar, impidiendo que la reina pusiera más huevos.

Por eso es importante que vigile de cerca el nido de cría y alimente con suficiente jarabe para que las abejas empiecen a producir "cera blanca" a lo largo de los bordes de su racimo, lo que significa que la cantidad de néctar y jarabe, en relación con la cantidad de celdillas libres abiertas, las está estimulando a activar sus glándulas cereras.

PLANIFICAR SU COLONIA

Cuando llegue la cría encerrada del núcleo, la colonia (tamaño del racimo) aumentará, y podrá alimentarlas abundantemente para que puedan atraer panales.

¿Cuánto jarabe de azúcar?

Al principio, la colonia sólo necesitará una taza de jarabe al día. Más adelante, necesitará casi un galón al día. Cuando se hayan extraído todos los marcos de la primera cámara de cría, determinará si continúa o no el proceso de alimentación.

Para entonces, el flujo principal de miel en la Sierra puede haber comenzado, y es posible que desee recoger un poco de miel. Sin embargo, deberías alimentarlas de nuevo más adelante en temporada (en julio) si lo necesitan para ayudarlas a sacar todos los panales de la cámara de cría superior y guardar algunas reservas de miel para el próximo invierno.

Elija el tipo de azúcar adecuado para sus abejas

Es importante elegir el azúcar adecuado. Si utiliza el azúcar equivocado, las abejas enfermarán y sufrirán envenenamiento o nosema. ¿Qué azúcar elegir? He dado algunas sugerencias; consulte la lista que figura a continuación.

Tipos de azúcar que puedes utilizar:

· Azúcar blanco o granulado

· Azúcar de caña o de remolacha

PLANIFICAR SU COLONIA

· Azúcar ecológico

· Terrones de azúcar

· Zumo de caña evaporado Azúcar

      ecológico Vs. Azúcar de caña

Independientemente de que el azúcar ecológico se pueda comer, un informe de 2009 descubrió que el azúcar ecológico produce más cenizas que el azúcar de caña normal (casi
0,03% de cenizas en el azúcar de caña frente al 0,20% de cenizas en el orgánico). Aunque estas cifras parezcan poco importantes, las abejas pueden comer más libremente el azúcar con menos cenizas. En consecuencia, debería evitar el uso de azúcar orgánico.

      Tipos de azúcar que no puedes utilizar:

· Azúcar moreno

· Azúcar turbinado

· Azúcar glasé

· Azúcar de Demerara

· Azúcar de palma y azúcar de coco

· Stevia

· Xilitol

PLANIFICAR SU COLONIA

· Sucralosa

· Aspartamo

· Jarabe de maíz con alto contenido en fructosa

· Néctar de agave

· Sirope de arce

¿Cómo hacer jarabe de azúcar casero?

Por lo general, el suplemento de alimento líquido es necesario cuando el suministro de miel de la colmena es limitado, como a finales del invierno o principios de la primavera. La mayoría de los apicultores utilizan dos recetas sencillas de jarabe de azúcar.

Temporada de primavera Alimentación Jarabe de azúcar

Es indiferente calcular por peso o por volumen. Tienes que sumar un porcentaje de azúcar seco con un porcentaje de agua. Puedes utilizar tazas o peso para comparar (por ejemplo, 4 tazas de azúcar por 4 tazas de agua). Dado que incluye partes iguales de agua y azúcar, esta proporción produce una fórmula de azúcar y agua 1:1.

Temporada de otoño Alimentación Jarabe de azúcar

Para hacer el jarabe de azúcar para la alimentación, se utilizarán 2 tazas de azúcar y 1 taza de agua. Debido a que en el otoño, se utilizará una receta diferente.

PLANIFICAR SU COLONIA

El sirope tendrá una proporción doble de azúcar y agua. Por ejemplo, ocho tazas de azúcar más cuatro de agua.

Aquí tienes una receta para ayudarte.

Ingredientes:

· Azúcar

· Agua

· Contenedor

Instrucciones

· En primer lugar, calienta el agua en la estufa para derretir el azúcar, no es necesario que el agua hierva, sólo tiene que calentarse.

· Añadir ahora el azúcar y batir hasta que el almíbar se cocine bien.

· Deje enfriar el almíbar antes de colocarlo en un

comedero. Nota:

Añada una gota de aceites esenciales para evitar la formación de moho. También proporciona un apoyo nutricional a las abejas.
Hay que tener en cuenta que esta proporción de azúcar es sólo un cálculo aproximado. No hay razón para omitir nada si tiene un poco más de agua o azúcar que la misma 1:1 o 2:1.

PLANIFICAR SU COLONIA

El momento de la alimentación es importante porque las abejas no comen jarabe que esté a menos de 10 °C (50 °F).

Etapa 4: Inspección de las colmenas

Seguro que está pensando que la apicultura es sólo un proceso de simple observación y reacción. Si un apicultor principiante, tendrá que revisar la colmena una vez a la semana durante unos meses para aprender todo el proceso. Cambia el horario a cada dos hasta que estés preparado.

Asegúrate de que la colmena está ordenada y libre de caca de abeja, el tablero principal está libre de basura y no hay hormigas cerca de la colmena. Revisa los cuadros en busca de larvas y huevos cuando abras las colmenas, pero sólo en días cálidos. Verás muchas larvas en distintas fases de desarrollo si la reina está funcionando bien.

Sin embargo, tendrá que consultar con un especialista si no ve ningún signo de reina estable. Un buen lugar para empezar es la asociación local de apicultura.
Por último, la salud de la colmena mejorará si la revisas con menos frecuencia. Para que las abejas estén tranquilas y relajadas al abrir e inspeccionar a fondo las colmenas, es importante utilizar humo. Las abejas se estresan y tardan un día en curarse.

 Cuando adquiera experiencia, descubrirá que no necesita arrancar varios cuadros para averiguar qué ocurre dentro. Y el simple hecho de observar a las abejas cuando entran y salen de la colmena te ayudará mucho.

PLANIFICAR SU COLONIA

Paso 5: Ampliar la colmena cuando sea necesario

Puedes empezar este proceso construyendo una caja de cría con un cuerpo de colmena profundo. Cúbrela con una segunda caja de cría después de que las abejas la hayan llenado con 8 cuadros de abejas y cría. Ahora deja que las abejas construyan celdas de cría también en la segunda caja de cría. Cuando la segunda caja de cría esté totalmente poblada (7 u 8 cuadros de abejas), añade un excluidor de reinas, si lo deseas, y luego mega caja que utilizarás para recoger la mayor parte de tu miel.

Cría de reinas

Se debe criar una nueva reina para una colmena por tres razones importantes: emergencia, enjambrazón y suplantación.

La emergencia:

La respuesta de emergencia se produce cuando la abeja reina dentro de la colmena se pierde inesperadamente.

El enjambre:

La respuesta de enjambre se produce cuando se cría una nueva reina debido a la escasez de espacio en la colmena, y ésta puede enjambrar en cuanto se tapan las celdas reales y antes de que las nuevas reinas vírgenes salgan de sus celdas reales.

PLANIFICAR SU COLONIA

La Supresión:

Si la reina falla, ya sea por edad, enfermedad o accidente, se produce la reacción de sustitución, en la que se cría una nueva reina y se sustituye a la reina que falla.

Por qué los apicultores crían nuevas reinas

Un apicultor experimentado que sepa por qué la colonia actúa de determinada manera creará las condiciones que permitan a la colonia producir nuevas reinas. Hay muchas razones por las que deberías pensar en criar tus propias reinas.

Sustitución de las antiguas reinas

La sustitución de la reina vieja por la nueva es una opción para los apicultores que observan niveles bajos de cría nueva en sus colmenas. Esto significa que en el momento de mayor flujo de néctar, la colonia tiene suficientes obreras en busca de néctar y polen para mantener la colmena bien abastecida durante el invierno.

Dividir las colmenas

Los apicultores pueden optar por dividir su gran colonia en dos o más colmenas nuevas para evitar la enjambrazón. Proporcionar una nueva reina a una de las nuevas colonias, o a ambas, garantiza un suministro constante de nuevas crías.

PLANIFICAR SU COLONIA

Aumento de la producción

Una nueva reina producida a partir de la larva de una colonia muy productiva ayudará a una colonia menos productiva a aumentar su eficiencia. Los genes de la colonia controlan muchas características, como la disposición, la tolerancia a enfermedades y plagas, los cambios estacionales de población y la tasa de producción de miel. El personal de la reina actual pronto reemplazará a la población más vieja, y la colonia empezará a exhibir las características deseadas.

¿Por qué levantar Queens?

Es posible que desee volver a criar su propia colmena cada temporada para tener una reina joven y sana. También puedes criar nuevas reinas para venderlas a otros apicultores.

Lo que necesitas para subir Queens

El proceso de injerto, el método sin injerto y el método natural son todos métodos viables para criar reinas.

Si está pensando en injertar, necesitará saber si debe utilizar el sistema JZBZ o el sistema de celdas Beetek Bozi para la cría de reinas. Al injertar, la edad de las larvas es muy importante; la edad óptima es entre 0 y 24 horas; cualquier edad posterior y el injerto cuajará, pero la reina resultante será inferior y con menos ovarios. Consigue un buen kit de cría de reinas, que incluya todo lo necesario para empezar a injertar.

PLANIFICAR SU COLONIA

Los sistemas Jenter y Nicot son opciones sin injerto que puede utilizar si no está seguro de injertar las larvas y colocarlas en los vasos celulares.
El enfoque natural consiste en dividir la colmena en dos mitades y animar a las abejas a criar a la reina.

¿Cuál es el mejor momento para volver a ser reina?

Hay dos tipos de estaciones para criar reinas, cada una con sus propias ventajas e inconvenientes. Estas estaciones son la primavera y el otoño.

Si quiere tener una nueva reina a tiempo para el flujo de miel, la primavera es el momento perfecto para la cría de reinas. La cría en primavera también ayuda a gestionar los enjambres y reduce el riesgo de robo.

Sin embargo, debido a la imprevisibilidad del tiempo y a la escasez de zánganos, conseguir aparear a las reinas vírgenes puede ser muy difícil. En otoño las condiciones son más fiables y normalmente se encuentran más zánganos, lo que facilita el apareamiento de las reinas vírgenes.

Gestión estacional de colmenas para principiantes

La gestión estacional de la colmena también es una habilidad muy importante que deben aprender los principiantes. Debes asegurarte de que tus abejas están listas para entrar en las nuevas estaciones de su vida. Cada temporada, hay algunas cosas tendrás que hacer como parte de la gestión de la colmena para asegurarte de que tu colmena prospera adecuadamente.

PLANIFICAR SU COLONIA

Primavera

Sus abejas pueden pasarlo mal en primavera. Los ciclos de calor y frío pueden ser impredecibles, y tu colmena no funciona bien después de un invierno largo y frío. Sin embargo, si has pasado los meses anteriores preparándote para los meses venideros, todo irá perfecto.

En esta época del año, las abejas se preparan para la temporada de trabajo. Empezarán a buscar comida cuando haga calor. Como resultado, empezarán a reponer sus reservas de alimento. Asegúrate de seguir alimentando a tus abejas hasta que estén listas para trabajar por sí mismas.

Consejos para la primavera

· Asegúrese de revisar las colmenas en los días calurosos

· Comprueba siempre a tu reina y sus huevos

· A medida que su colmena crezca, añada alzas y repare los marcos.

· Alimente con comida suplementaria si es imprescindible.

Verano

Los meses de verano pueden ser húmedos, y las abejas tienen una larga lista de tareas de forrajeo que completar para prepararse para el invierno. En general, debe revisar una colmena cada 1-2 semanas para asegurarse de que todo va bien como parte de la apicultura. También es posible que tenga que reponer el alimento si hay sequías u otras catástrofes naturales.

PLANIFICAR SU COLONIA

Consejos para el verano

· Revise siempre su colmena cada semana.

· Asegúrese de que sus abejas disponen de un suministro adecuado de agua en las proximidades.

· Comprobar la producción de reinas y huevos.

· Comprobar la producción de miel.

Otoño

Dado que las abejas son muy receptivas a su entorno, la reina reducirá al mínimo sus actividades de puesta de huevos cuando llegue el otoño. Sin embargo, las abejas obreras seguirán buscando y trabajando hasta el último momento para prepararse para el invierno.

Consejos para el otoño

· Compruebe cuidadosamente el suministro de alimentos en su colmena.

· Revisará su colmena cada dos semanas.

· Asegúrese ahora de que su colmena tiene una ventilación adecuada.

Invierno

Si ha preparado adecuadamente su colmena en otoño, tendrá poco trabajo que hacer durante el invierno, excepto proporcionar alimento extra si es necesario.

PLANIFICAR SU COLONIA

Las abejas se reúnen durante el invierno, formando una bola cerrada, que sólo abandonan para comer y hacer sus necesidades. A las abejas les gusta permanecer limpias y tienden a mantener ordenado su entorno.

Consejos para el invierno

- Añada siempre un pienso de invierno, ya que pueden necesitarlo.

- Asegúrese de que están bien dando golpecitos sobre la colmena para notar cualquier zumbido.

- Cuídate de los depredadores.

- Intenta proporcionar agua cerca.

Al planificar su colonia, debe elegir una buena ubicación, tener cuidado con el agua, seleccionar el azúcar adecuado y modificar sus cuidados según cambien las estaciones.

Al principio puede parecer mucho trabajo. Sin embargo, con la práctica, pronto se convertirá en algo natural y disfrutarás de todas las ventajas de tener una colmena sana y productiva.

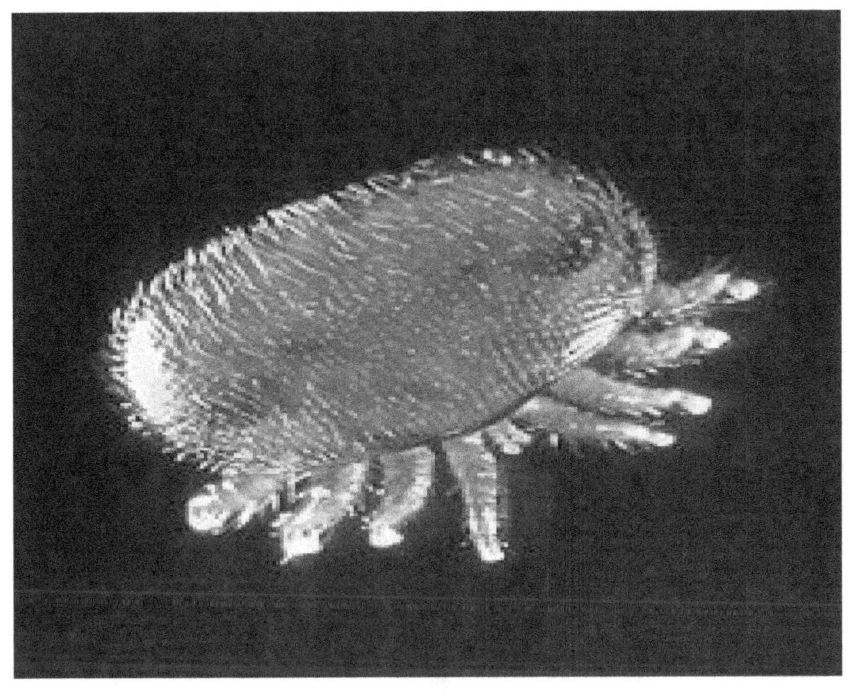

CAPÍTULO 4: Plagas y salud de las colmenas

PLAGAS Y SALUD DE LAS

Las plagas de las abejas de la miel son un gran reto para las colmenas de todo el mundo. Puede ser muy difícil para los apicultores inexpertos identificar qué buscar y cómo tratar las plagas y los depredadores. Este capítulo va a orientar a los nuevos apicultores sobre los problemas más comunes de las colmenas a los que pueden enfrentarse.

Plagas

Existen diferentes tipos de plagas. Algunos de ellos son los siguientes.

Ácaros Varroa

Los ácaros Varroa son una de las amenazas más peligrosas para las abejas melíferas y los apicultores de todo el mundo.
Estos ácaros son los más difíciles de tratar, ya que ponen en peligro la existencia de la colmena una vez que se han establecido. Se alimentan de la sangre de las abejas adultas y ponen sus huevos en las celdas de cría, donde sus larvas infectan y consumen a las crías de abeja infectándolas con virus.

La gestión de la varroasis requiere una detección precoz, una observación atenta, un tratamiento a tiempo y buenas prácticas apícolas. Para determinar los niveles de ácaros en la colmena se puede recurrir a la vigilancia de la caída natural de ácaros, el cribado de la cría de zánganos o la prueba del rollo de éter.

Inspección minuciosa necesaria

Para inspeccionar de cerca el ácaro, hará un recuento de 24 horas de ácaros naturales para averiguar una estimación clara del nivel de invasión en una colmena.

PLAGAS Y SALUD DE LAS

Para atrapar los ácaros, cubrirá la parte inferior de su tablero Country Rube con vaselina o aceite de cocina, lo mantendrá en la parte inferior del tablero inferior, esperará 24 horas, luego lo sacará y contará los ácaros. Si tiene más de diez ácaros por caja de cría, tiene un problema en su colmena.

Señales

He aquí algunos signos importantes que indican que su colmena está infectada por ellos.

· Los ácaros adultos son visibles.

· Las abejas suelen mostrar la infestación por el ácaro Varroa con alas deformadas, abdomen corto y patas deformadas.

· También encontrará una población adulta reducida.

¿Cómo controlar?

El control de la varroasis es muy importante para la supervivencia de las colonias. Para controlarla, la mayoría de los apicultores utilizan aceites y ácidos naturales, como el timol y el ácido oxálico o fórmico. Hay muchas fórmulas comerciales utilizadas en todo el mundo. Los apicultores utilizan diversas técnicas para salvar sus colmenas.

Cómo atrapar al ácaro Varroa

Los ácaros Varroa también pueden capturarse mediante el uso de bastidores de zánganos.

PLAGAS Y SALUD DE LAS

Las celdillas de los panales de zángano son más grandes que las de los panales de obreras, y estos marcos están especialmente diseñados para que las abejas puedan fabricarlas.

El panal de zánganos es una excelente trampa para ácaros porque los ácaros Varroa favorecen la cría de zánganos 10 a 1. Sustituya el cuadro de zánganos para el siguiente ciclo justo antes de la eclosión de los zánganos (24 días después de la puesta de los huevos), y destruya el panal de zánganos. Nuestras reinas no necesitan a los zánganos para reproducirse porque ya se han apareado y tienen un suministro de esperma de por vida dentro de ellas.

Apiguard

Es un remedio contra el ácaro Varroa que depende del timol, una parte del aceite botánico de tomillo. La dosis máxima de Apiguard consiste en un envase de aluminio insertado en la colmena durante unas dos semanas, seguido de un segundo envase de aluminio colocado en la colmena durante dos semanas más.

Ácido fórmico

El ácido fórmico es más tóxico que el pickguard, destruye los ácaros . Hace que la miel sea venenosa para los humanos, por lo que sólo se utiliza en otoño e invierno, cuando el flujo de néctar es lento o inexistente. Cuando se usa, hay que llevar un respirador.

Ácaros traqueales: Acarapis woodi

El ácaro traqueal de la abeja melífera es un segundo ácaro que invade a las abejas melíferas. En el tórax de las abejas adultas, las tráqueas o tubos respiratorios albergan este peligroso ácaro parásito interno.

PLAGAS Y SALUD DE LAS

Estos ácaros también pueden encontrarse en el tórax, el abdomen y los sacos aéreos de la cabeza. Los ácaros utilizan sus piezas bucales para cortar las paredes de los tubos respiratorios y alimentarse de la sangre de las abejas.

Señales

· Verá a estas abejas fuera de la colonia, donde se arrastrarán por la hierba.

· Se arrastrarán por los bordes de la colmena, se desplomarán y lo intentarán de nuevo.

· Las alas de la abeja no funcionarán correctamente.

· El abdomen se verá hinchado.

· En las fases finales, las abejas abandonarán la colmena.

· Entregue un informe de abejas en alcohol al agente de extensión del condado más cercano para su confirmación si no está seguro de la presencia de ácaros traqueales.

Cómo controlar

He aquí algunos métodos importantes para .

Uso de mentol

El mentol, que podrá adquirir fácilmente en la mayoría de los proveedores de suministros apícolas, es una herramienta para controlar los ácaros traqueales.

PLAGAS Y SALUD DE LAS

Para que el mentol actúe, la temperatura debe ser superior a 60° F. Las abejas inhalan el vapor, que se cree que deshidrata a los ácaros. Para evitar contaminar la miel, el mentol debe eliminarse durante una inundación de néctar.

Paté extensor de aceite

Una empanada diluyente de aceite es una solución ácida para los ácaros traqueales. En esta receta hay dos partes de azúcar y una parte de grasa vegetal.

· Para utilizarlo, hará una pequeña hamburguesa de 10 cm y la emparedará entre papel encerado.

· Ahora cortarás a lo largo de los bordes del papel encerado para permitir el acceso de las abejas a la empanada.

· Coloque la empanada de aceite en el centro de la cáscara de la colmena, encima de los cuadros.

La empanada de azúcar atraerá a las abejas, que se impregnarán de aceite en la piel. El aceite actúa como una capa química que impide a los ácaros traqueales encontrar abejas huéspedes adecuadas. Dado que el aceite no contamina las reservas de miel, las empanadas de aceite son adecuadas para su uso a largo plazo.

Loque americana (AFB)

La bacteria Paenibacillus larvae, que forma esporas, es la causante de la loque americana (AFB), una enfermedad bacteriana muy mortal de la cría de las abejas melíferas.

No es un tipo de enfermedad relacionada con el estrés, y puede infectar a cualquier colonia de una colmena, desde la más fuerte hasta la más débil. En la fase prepupal es cuando normalmente muere la cría infectada. Las infecciones que afectan a la mayor parte de la cría trastornan la colonia y acaban por destruirla.

Aunque la AFB no es extremadamente infecciosa, las esporas bacterianas pueden propagarse fácilmente entre colmenas y colmenares a través de prácticas apícolas comunes como el intercambio de kits y la transferencia de panales infectados.

Señales

Algunos signos importantes que muestran que su colmena está afectada por ellos son:

· Mal olor en la cría, larvas anormalmente marcadas

· Patrón de cría irregular y desigual.

· El tapón parece estar hundido y grasiento.

¿Cómo controlar?

Si sospecha la presencia de AFB, llame inmediatamente al inspector de abejas más cercano. Desgraciadamente, las colonias en las que se ha comprobado la presencia de AFB serán abandonadas y quemadas.

Loque europea (EFB)

La loque europea (EFB) es un tipo de enfermedad bacteriana.

Se clasifica como un trastorno de estrés, y es más común en la primavera y principios del verano. No es tan grave como la AFB, y las colonias se recuperarán de esta infección. Aunque la AFB no produce esporas, a menudo pasa el invierno en los panales. Entra en la larva a través del alimento de cría infectado y se multiplica rápidamente en el intestino de la larva.

Señales

· La cría muerta suele ser más joven y de color blanco opaco o marrón claro hasta casi negro.

· La consistencia principal de los restos es gomosa y granulosa más que elástica.

¿Cómo controlar?

Se pueden utilizar antibióticos adecuados para curar esta enfermedad de las abejas melíferas.

Pequeño escarabajo de la colmena

El pequeño escarabajo de la colmena, originario del África subsahariana, es una plaga invasora de las colmenas. En su área de distribución nativa, estos escarabajos invaden todas las colonias de abejas melíferas, pero hacen poco daño y rara vez se consideran plagas peligrosas de las colmenas.

En Estados Unidos, estos escarabajos suelen tratarse como una plaga secundaria, que inflige daños excesivos sólo si las colonias de abejas ya han sido perturbadas por otras causas.

PLAGAS Y SALUD DE LAS

Señales

· Larvas que excavan en los panales de cría, se comen la cría y las cepas.

· Larvas agrupadas en las esquinas de los marcos o en las celdas de los panales

· Pequeños escarabajos negros corriendo por el panal o escondidos en pequeñas grietas oscuras de la colmena.

· Colonias de diminutos huevos en forma de grano de arroz en las grietas y hendiduras de la colmena.

· Peines viscosos u olor a naranjas podridas ¿Cómo

controlar?

No puede erradicarse una vez que se ha establecido; los apicultores tendrían que introducir medidas de protección para disuadir las invasiones. Sería necesario utilizar un método automatizado de gestión de plagas para tratar este problema de plagas de abejas, ya que no existe una forma fácil de hacerlo. Para contener las infestaciones es preciso interrumpir o impedir el ciclo vital del escarabajo.

Virus Sacbrood

Sólo las larvas de abejas melíferas se ven afectadas por el virus Sacbrood, que es ligeramente infeccioso dentro de la colmena. Por lo general, la enfermedad se evita reapareciendo en una colonia.

Tras la interrupción del ciclo de cría, las abejas obreras destruirán todas las larvas infectadas cuando no haya otras larvas presentes. La sacroidosis no tiene tratamiento médico conocido.

Chalkbrood

La crisálida es un tipo de infección fúngica que penetra en la cría a través de su alimento. Se desarrolla en la larva después de que la cría se encierre en su nido. Las larvas de chalkbrood adquieren un aspecto opaco y blanco.

La crisálida suele aparecer en los bordes de los cuadros a finales de primavera. Si ves estos pequeños nódulos de tiza fuera de la entrada de la colmena, donde las abejas obreras los han arrojado, sabrás que la tienes.

No hay cura, pero el reaparecimiento puede ser una solución. La colonia puede sobrevivir si las obreras pueden destruir cualquier cría infectada.

Parálisis

Suelen darse dos tipos de parálisis: crónica y aguda. La ingesta de polen de algunas plantas, así como de polen almacenado fermentado, puede . Las abejas pierden las plumas, se engrasan y tiemblan como consecuencia de esta parálisis.

Una colonia puede recuperarse fácilmente de la parálisis por sí sola, pero si no lo hace, se puede volver a poblar con una nueva cepa, ya que la parálisis también se transmite genéticamente.

PLAGAS Y SALUD DE LAS

Depredadores

He aquí diferentes tipos de depredadores.

Ratones

Los ratones a veces llegan a la colmena durante el invierno, cuando las abejas se encuentran o se meten en los panales almacenados y los destruyen masticando los marcos y panales para construir su nido.

Zorrillos

Los zorrillos comen muchas abejas a la entrada de la colmena, normalmente por la noche. Se pueden controlar con vallas, jaulas y veneno.

Osos

Las abejas y las crías de la colmena son devoradas por los osos, que normalmente acaban con la colmena. En varios países oseros se utilizan cercas eléctricas y trampas para defender las colonias de abejas.

Baño de sangre: Cuando las abejas se convierten en su propio enemigo

En algunos casos, las abejas también pueden convertirse en peor enemigo. Se pelearían por la miel si está expuesta a ellas y el tiempo es fresco.

PLAGAS Y SALUD DE LAS

Este robo, o lucha, puede llegar a ser intenso en ocasiones y propagarse de colmena en colmena. Cuando todas las abejas de una colonia son sacrificadas, la miel es tomada y llevada a otras colmenas con facilidad.

Esto intensifica el robo hasta el punto de que un racimo que estaba aportando miel a su colmena es el objetivo, todos sus habitantes son asesinados, la miel es robada una vez más, y el procedimiento se repite. Sólo la oscuridad o el mal tiempo pueden poner fin al robo.

Trastorno del colapso de las colonias (CCD)

Desde , una amenaza desconocida afecta a las colonias de abejas en muchas partes del mundo. Los apicultores empezaron a experimentar pérdidas masivas en sus colonias. Se perdieron hasta el 90% o más de las colmenas. La magnitud de las pérdidas era especialmente confusa. No había signos de los riesgos tradicionales en al menos la mitad de estas situaciones. No había síntomas aparentes de enfermedad, recuentos elevados de ácaros ni ninguna otra causa evidente.

Trastorno del Colapso de las Colonias es el nombre asignado a esta serie de acontecimientos. La población de abejas está disminuyendo debido al CCD y a otros problemas. Los científicos siguen buscando la raíz del problema y cuáles pueden ser las posibles soluciones. Muchos afirman que los pesticidas industriales, especialmente los neonicotinoides, son la principal razón de este problema.

La cría de abejas es una de las soluciones más populares. Así que realmente hay una necesidad para usted y muchos más para iniciar una apicultura, con esta crisis actual de las abejas.

CAPÍTULO 5: Ganar mucho dinero con productos apícolas

DINERO CON PRODUCTOS APÍCOLAS

El polen, el propóleo, la jalea real, las reinas, las abejas, el veneno y las larvas de abeja son algunos productos apícolas importantes. Pero la miel y la cera son los productos apícolas primarios más famosos. La mayoría de estos productos pueden utilizarse inmediatamente, ya que son producidos por las abejas. Sin embargo, hay otros usos en los que los productos apícolas pueden utilizarse como componente de otro producto.

La adición de productos apícolas a otros productos suele aumentar la importancia relativa de la consistencia de estos productos secundarios debido a su calidad y a su prestigio y características, a menudo casi mágicas. Muchas explotaciones apícolas se beneficiarán más de ello.

A continuación se enumeran los productos apícolas más utilizados por el ser humano:

Miel

Las abejas de la miel son famosas por recoger el néctar de las flores y almacenarlo en un buche de miel, que parece una tripa. Cuando la abeja regresa a la colmena, otra abeja recoge el néctar y lo esparce sobre el panal de cera para ayudar a la evaporación de su humedad. La segunda abeja también añade invertasa, una enzima que ayuda a descomponer las moléculas de azúcar. Se encierra en una celdilla con un tapón de cera hasta que se haya espesado.

DINERO CON PRODUCTOS APÍCOLAS

Polen

Las abejas suelen cubrirse de polen cuando extraen el néctar de las plantas, que luego complementan con varios fermentos, hormonas y antibióticos antes de depositarlo en las celdas de los panales. Obtenemos polen de panal extraído o pan de abeja cuando extraemos estas bolas de polen de una celda de panal. También podemos obtener polen fresco si colocamos una trampa de polen a la entrada de la colmena. Las cargas de polen se derraman de las patas de las abejas cuando intentan colarse por la red de una trampa de polen.

El polen tiene un alto contenido en proteínas. Posee todos los aminoácidos básicos, así como una variedad de ácidos grasos, vitaminas B, C, D, E y K, además de provitamina A. Se aconseja remojar el polen antes de consumirlo.

Propóleo

El propóleo, en particular, es un tesoro único de la colmena, ya que es una especie de antibiótico natural. Cuando alimentan a las larvas, las abejas recogen resina de varios árboles y arbustos y la mezclan con gránulos de polen. Contiene más de 360 compuestos. En el propóleo se encuentran efectos antibacterianos y antifúngicos.

Jalea real

Las larvas se alimentan de jalea real, rica en proteínas. La larva reina recibe más jalea que las demás, lo que le permite crecer más que las otras abejas.

DINERO CON PRODUCTOS APÍCOLAS

Contiene hidratos de carbono, grasas, aminoácidos, vitaminas, minerales y proteínas, y se elabora a partir de polen y miel digeridos.

Cera de abejas

La cera suele ser desarrollada por las glándulas de las abejas obreras y se utiliza para crear panales y sellar la parte superior de las celdas llenas de miel.

Los ácidos grasos son el ingrediente clave de la cera de abejas, que comprende más de 300 compuestos naturales. La cera es de color blanco casi puro cuando está cruda, pero poco a poco adquiere un tono marrón amarillento. Tiene un buen olor a azúcar, propóleo y polen. La cera se utiliza mucho en cremas porque suaviza la piel y tiene efectos antibacterianos.

La masticación de la cera que recubre la miel es bien conocida, y las terapias térmicas a base de cera de abeja, que suelen utilizarse durante un masaje o fisioterapia, son cada vez más comunes.

Veneno de abeja

Una combinación única de proteínas compone el veneno que se encuentra en las picaduras de abeja. Según nuevos estudios, el ser humano puede beneficiarse de este veneno.
El veneno de abeja también se utiliza en medicina para apaciguar a las personas alérgicas al veneno de abeja. El veneno de abeja también se utiliza para curar diversos problemas y dolencias en todo el mundo, pero sólo bajo estricta observación médica.

DINERO CON PRODUCTOS APÍCOLAS

El veneno de abeja ha ganado popularidad recientemente en la industria cosmética. Como se supone que es un suplemento natural de Botox, se utiliza en diferentes cremas y sueros.

Otros productos y servicios

Aunque sabemos que la miel es la fuente de ingresos más habitual de los apicultores, también hay otras muchas formas de obtener beneficios de las abejas. Aprender cada una de ellas lleva su tiempo, y no todo el mundo está preparado para alguna de ellas, pero puedes hacerte una idea de otros usos de los productos y de lo que quieres hacer con tus colonias de abejas.

Estas son algunas de las formas más exitosas de ganar dinero con su negocio de apicultura:

, vírgenes y reinas

los apicultores del norte les gusta tener reinas libres de genes africanos. Los apicultores de Texas también quieren las mismas reinas para ellos. Sólo muy pocos apicultores africanos requieren reinas africanas que hayan sido seleccionadas para tener menos enjambres y una mayor producción de miel. También puede criar reinas para usted y venderlas a otros apicultores de su zona para obtener un alto beneficio.

DINERO CON PRODUCTOS APÍCOLAS

Prestar servicios de polinización

Muchos agricultores pagan por tener nuevas colmenas o trasladan temporalmente algunas a sus campos para que presten servicios de polinización. Las colmenas suelen emplearse durante un periodo de tres a cinco semanas para completar su tarea. La mayoría de las explotaciones que necesitan servicios de polinización se encuentran en California, Texas y Florida.

Las almendras, el girasol y la colza son los cultivos con mayor demanda de servicios de polinización. En 2012, la industria de la polinización tuvo un valor de 655 millones de dólares, según el USDA.

Proporcionar kits de colmena para principiantes

Algunos apicultores también pueden obtener sus beneficios suministrando kits de iniciación a los nuevos apicultores. También puede intentar vender un kit de iniciación "todo en uno" que incluya la colmena, las abejas y algunos otros elementos esenciales, como el ahumador y equipos de seguridad importantes. No hay que limitarse a los consumidores locales, y las abejas pueden enviarse por correo en contenedores especiales blindados.

CAPÍTULO 6: Cómo recolectar productos apícolas

CÓMO COSECHAR PRODUCTOS

¿Hay algo más agradable que su propia miel? Aquí tiene algunas sugerencias.

¿Cuál es el momento adecuado para cosechar la miel?

La época más adecuada para la extracción de miel es durante el verano, pero si tu colmena está preparada, puedes cosechar en primavera. Cuando todas las celdas de tus abejas se hayan tapado, sabrás que ha llegado el momento de recolectar la miel.

Conozca la diferencia entre celdas de cría y celdas de miel

Las abejas obreras suelen tapar las celdas para crear alimento para el periodo invernal. Las celdas tapadas, en cambio, pueden producir larvas, por lo que es muy importante entender la diferencia entre celdas de cría y celdas de miel antes de cualquier extracción.

Miel de abeja

Las celdas de miel tapadas se utilizan sobre todo en alzas, que son una especie de cajas situadas en la parte superior de la colmena. Las encontrarás separadas del resto de las cajas por un excluidor de reinas. El excluidor ayuda a evitar que la reina ponga huevos en las alzas superiores.

Al menos el 90% de las células deben estar

tapadas La mejor manera de saber que no estás

extrayendo
su miel demasiado pronto o demasiado tarde es buscar tapones celdas. Tiene que asegurarse de que al menos el 90% de las celdas han sido tapadas por abejas nodrizas.

CÓMO COSECHAR PRODUCTOS

Confíe en el instinto de las abejas; ellas saben cuándo el nivel de humedad es el adecuado para sellar las celdas.

¿Y si se extrae antes de ?

Si empieza a extraer miel antes del momento adecuado, tendrá humedad y fermentará al almacenarla.
Tenga en cuenta que sus abejas deben tener tiempo suficiente para buscar con el fin de llenar su colmena. La observación de la atmósfera le ayudará a determinar el consumo de miel, que es un periodo de tiempo durante el cual las abejas tienen acceso a todo lo que necesitan para producir miel.

¿Qué ocurre si se cosecha la miel demasiado tarde?

Es importante saber que las abejas están ocupadas por una razón. La miel que producen en la colmena debe durarles todo el invierno. Como resultado, tener abundancia de miel es algo muy bueno en invierno. Por otra parte, las abejas no evitan llenar sus celdas de miel hasta que termina la temporada de búsqueda de alimento.

Puede producirse enjambrazón

En primavera, si queda miel en alguna colmena, no habrá espacio suficiente para que las abejas la almacenen; como resultado, pueden quedarse sin espacio y se producirá un enjambre.

CÓMO COSECHAR PRODUCTOS

Miel difícil de extraer Además, si no ha

realizado su
correctamente y se extraen demasiado tarde, la miel puede endurecerse en las celdas, dificultando la extracción.

¿Cómo recolectar la miel?

Ha llegado el momento de empezar a recolectar la miel una vez que ha mantenido con éxito su colonia de abejas melíferas. Extracción es el término utilizado para la recolección de la miel, que se produce una vez al año por término medio. Empecemos por las herramientas:

Equipo necesario en el proceso de extracción

Durante el proceso de extracción, los apicultores utilizan diversos métodos útiles para que este proceso sea un poco más sencillo.

· Cuchillo para destapar

· Peine para destapar

· Recipiente para recoger la cera

· Máquina extractora

· Tamiz de miel doble de acero inoxidable

· Recipientes para miel

CÓMO COSECHAR PRODUCTOS

Ahora es el momento de recolectar la miel.

¡Pero primero!

· Es necesario llevar ropa protectora, guantes, zapatos y gorro antes de iniciar el proceso.

· No intente acelerar el proceso de recolección de la miel. Las abejas no se molestarán si haces movimientos suaves y tranquilos en lugar de enormes y exagerados.

· Asegúrese de no utilizar perfumes, colonias, lociones para después del afeitado u otros productos perfumados, ya que pueden atraer a las abejas curiosas y dificultar la tarea.

En segundo lugar,

Tenga siempre presente que no debe llevarse toda la miel de la colmena, ya que es alimento de las abejas. Como norma general, deja al menos 85 libras de miel para tus abejas y llévate el resto.

Paso 1: ¿Cómo sacar las abejas de las alzas? Hay algunas opciones para sacar a las abejas de sus marcos de miel de forma segura, así que vamos a echarles un vistazo:

Ahumador y cepillo para abejas

Una forma fácil de sacar las abejas de la colmena es una bocanada de humo y sacudir o rascar suavemente el marco con el cepillo para abejas.

CÓMO COSECHAR PRODUCTOS

Cuando vaya a cepillar a las abejas para sacarlas de sus marcos, tenga cuidado y utilice siempre un movimiento ascendente en lugar de descendente para evitar herirlas o matarlas.

Placas de gases

Una tabla de humo es la forma más sencilla de extraer miel de una colmena. Por fuera, se parece a la típica tapa de la colmena, pero por dentro se rocía un material absorbente con una sustancia no tóxica que no suele gustar a las abejas.

Coloque el tablero de humos encima del alza de miel que desee recolectar cuando haya terminado. Al cabo de unos minutos, las abejas huirán debido al olor y desalojarán el cuadro de miel, lo que te permitirá vaciar el cuadro de miel sin ninguna interrupción.

Paso 2: Recolección de la miel

Ha llegado el momento de empezar a cosechar, ya que ha separado las abejas de las alzas y tiene todo el equipo preparado.

Asegúrese de que el tarro de recogida de miel está colocado debajo de la espita del extractor y de que el recipiente de recogida de cera está listo para su uso.

Calentar el cuchillo

Ahora coloque un marco lleno de miel encima de su tarro de recogida de cera, empiece a serrar las tapas de arriba abajo y déjelas caer en su recipiente.

CÓMO COSECHAR PRODUCTOS

Asegúrese de que el cuchillo de destapar esté templado pero no caliente.

Utilización del panal

También puede utilizar el panal para extraer la miel y abrir el tapón de cera apuñalando suavemente las celdillas rebeldes.

Coloque el marco en el extractor de miel.

Dependiendo del tipo de extractor que estés utilizando, carga tus fotogramas en él y hazlo girar manualmente o activa el dispositivo electrónicamente.

La miel saldrá de las paredes del extractor y se acumulará en el fondo. La miel fluirá lentamente por la espita hasta el recipiente de recogida de miel.

Si gira manualmente el extractor, deberá vigilar la cantidad de miel que se acumula en el borde.

Escurrir y filtrar la miel del extractor

En la parte inferior del extractor encontrará un desagüe con una válvula de cierre. Al extraer la miel, la válvula debe dejarse abierta para permitir que la miel drene. Debe colocar el tamiz de miel doble de acero inoxidable sobre un cubo de 5 galones para aspirar las partículas de cera y las partes de las abejas. Para filtrar la miel, sólo necesitas estas cosas.

CÓMO COSECHAR PRODUCTOS

Déjalo descansar

Una vez que hayas escurrido los marcos y llenado el cubo de miel, cúbrelo con una tapa y déjalo a un lado durante las próximas 24 horas para que suban las burbujas antes de guardarlas en un frasco.

Una vez que la miel haya reposado 24 horas, introdúcela rápidamente en tarros y cúbrelos con tapas. La miel que ha estado expuesta al aire durante un largo periodo de tiempo acumulará humedad, lo que provocará la fermentación en el futuro.

¿Cómo extraer su miel Beeswax?

La extracción de la miel es un proceso muy interesante, ¡pero no te olvides de la importante cera que has raspado en tu recipiente colador!

La cera se utiliza en una gran variedad de productos, como bálsamos, velas, dulces, cosméticos y mucho más. Si no eres un artesano, puede que alguien esté interesado en comprar tu cera, así que cosecharla te ayudará y te reportará beneficios.

Procedimiento a seguir

Debes seguir estos pasos para conseguir una cera.

Paso 1: Tras destapar las celdas, cuele la con cuidado para eliminar la cera que haya podido quedar.

CÓMO COSECHAR PRODUCTOS

Paso 2: Para disolver la miel restante, cubre la cera restante con agua tibia y dale vueltas; por favor, no sobrecalientes la cera con el agua.

Paso 3: Escurre el agua de la cera de abejas y ponla a hervir al baño maría; tienes que añadir la cantidad que utilizarías para hacer caramelos.

Paso 4: Derrite la cera fuego lento.

Paso 5: Ahora cuele la cera con un colador fino para eliminar cualquier elemento no deseado que hayan dejado las abejas. Este método puede repetirse varias veces para garantizar la pureza de la cera.

Paso 6: Vierte la cera de abeja tibia en un tarro para poder sacarla fácilmente cuando la necesites. Manténgala refrigerada hasta que vaya a utilizarla.

¿Cómo recolectar la jalea real?

Normalmente, los apicultores sólo recolectan miel, pero a veces también pueden recolectar jalea real. Las abejas obreras se encargan de alimentar a la abeja reina con jalea real para ayudarla a aumentar de tamaño. También es un conocido alimento de consumo con varios beneficios para la salud. Para recolectar jalea real son necesarios los siguientes pasos:

· Extracción de las células

· Extracción de la gelatina

· Almacenarlo correctamente

CÓMO COSECHAR PRODUCTOS

Paso 1: Sacar las celdas de la colmena En primer lugar, ponte ropa protectora para empezar el proceso.

El momento ideal para recolectar jalea real

El momento perfecto para la extracción de jalea real es cuando las larvas tienen tres días. Esto producirá la jalea real en grandes cantidades.

Tire lentamente de los marcos y cepille las abejas.

Ahora retire los marcos que tengan celdas de jalea real y empiece a cepillar las abejas. Para no molestar a las abejas, permanezca en silencio y pise despacio y con suavidad. Tenga paciencia; el cepillado de las abejas tardará algún tiempo en deshacerse de todas ellas.

Paso 2: Extraer la jalea real de los marcos Para la extracción, es necesario utilizar un cuchillo afilado.

Utilice un cuchillo afilado

Corta la parte estrecha de cada célula con un cuchillo. Cada una de las células tiene un extremo estrecho que contiene las larvas y la gelatina en su interior. Rompe estos extremos con un afilado. Cuando cortes, mantén el filo plano del cuchillo a ras del borde de la célula.

Sacar las larvas de las celdas

Tienes que sacar las larvas de las celdas con unas pinzas diminutas. En el centro de cada celda, busca las larvas ligeramente enrolladas.

CÓMO COSECHAR PRODUCTOS

Se parecerá a un gusanito gordo. Es importante deshacerse de las larvas antes de recolectar la jalea real.

Utilizar espátula o pipeta

Ahora retira la gelatina con la ayuda de una espátula.

Utiliza un recipiente de cristal oscuro para guardar la jalea real

Coloca la gelatina en un frasco de cristal con tapa a medida que la vayas recogiendo. Si estás recogiendo una gran cantidad de gelatina a la vez, es posible que quieras colocar el frasco en hielo para mantenerla fresca.

A tener en cuenta: si no se refrigera, la jalea real se estropea en un par de horas, por lo que conviene coger cantidades más pequeñas cada vez y meterlas en el frigorífico. Guarda siempre el frasco en el congelador y deja un espacio de unos 0,5 centímetros para que la jalea se expanda. Puede conservarse casi 18 meses en el congelador.

¿Cómo recoger el pan de abeja o polen de abeja?

El polen de abeja tiene un alto contenido proteínico y sirve de base a la colonia de abejas. Según las estadísticas nacionales, las colmenas pueden producir entre 1 y 7 kilogramos de polen de abeja al año, con una media de 50 a 250 gramos al día.

CÓMO COSECHAR PRODUCTOS

Trampas de polen a la entrada de la colmena

Los apicultores colocan las trampas de polen en los puntos de entrada de la colmena. La trampa raspa suavemente el polen de las patas de las abejas cuando vuelven a entrar en la colmena.

Recogida de los granos de polen en una bandeja aparte

A continuación, el polen se recoge en otra bandeja o recipiente debajo de la colmena para una cosecha rápida. La recolección del polen de este modo moviliza a las abejas y aumenta el número de recolectoras. Los granos de polen pueden ser de color amarillo claro, marrón o incluso negro cuando se cosechan.

Ahora ya eres oficialmente apicultor.

Es justo suponer que si ha cosechado su primer lote de miel, por fin se ha convertido en apicultor. Puede que este proceso te resulte difícil al principio, pero se hace más fácil al cabo de unos años.

CAPÍTULO 7:
Seguridad apícola

SEGURIDAD APÍCOLA

Así que si eres nuevo en el negocio de la apicultura, seguro que tienes muchos objetivos en mente, como entender las diferencias entre reinas y abejas obreras, conocer los huevos y la cría, hablar de las posiciones de las colmenas y aprender todo lo que puedas sobre tus abejas.

Otro objetivo importante que debe tener en cuenta es su propia protección durante la inspección apícola. Aunque la apicultura es una empresa bastante interesante, es importante tener en cuenta que no está exenta de riesgos.

Vivirás muy cerca de decenas de miles de insectos urticantes que odian las interrupciones y protegerán valientemente su hogar si te consideran una amenaza. Es una buena idea investigar sobre trucos de seguridad y tratar tu pasión con cuidado. He aquí algunos consejos para mantenerte seguro cuando trabajes en el colmenar.

Haga su trabajo con cuidado

A las abejas no les gustan las sorpresas, como las perturbaciones en su feliz hogar. Así que seguirá haciendo el "chequeo" rutinario o se lo pondrá fácil a las abejas trabajando con cuidado. ¿Ha visto alguna vez cómo al golpear una colmena se produce una breve ráfaga de zumbidos rápidos?
Dado que las abejas odian los sonidos ruidosos, intente siempre que el sonido sea lo más bajo posible, con pequeños golpes y estruendos.

SEGURIDAD APÍCOLA

Lo pasará mejor con menos abejas alzando el vuelo a su alrededor si puede dar el aviso de "riesgo" (su ahumador juega un papel clave en esto). Tómese su tiempo, pero no deje las colmenas abiertas durante mucho tiempo. Trabaje conscientemente, teniendo en cuenta todos los riesgos.

Inspeccione cuando haga buen tiempo

Elija siempre una tarde cálida y soleada si va a realizar trabajos rutinarios sencillos en sus colmenas, como rastrear huevos y crías o analizar la miel y el polen. La razón principal es que, en un día soleado, tu colmena tendrá menos abejas dentro, por lo que más obreras estarán fuera "trabajando".

Así que será más fácil y seguro trabajar en esta colmena menos abarrotada porque será menos probable que molestes a las abejas. Además, algunos apicultores afirman que una colonia suele estar "más enfadada" en días de lluvia o tormenta, por lo no trabajan en la colmena en días lluviosos.

Llevar ropa de protección adecuada

A muchos apicultores les gusta trabajar sin sombrero, con ropa normal o incluso sin velo. ¿Significa esto que no tienen miedo a las picaduras? Quizá no a estas alturas. Probablemente llevan tanto tiempo tratando con abejas que se desenvuelven con soltura, y muchos apicultores experimentados aprecian la independencia que supone prescindir de guantes y otros equipos de protección.

SEGURIDAD APÍCOLA

Pero esto no es correcto. Es mejor llevar toda la ropa protectora si eres novato. La ropa protectora te dará tranquilidad, te ayudará a concentrarte más en tu trabajo y a aprender los hábitos de las abejas. También te dará más confianza a la hora de ir a trabajar, sobre todo cuando las abejas empiecen a zumbarte en la cabeza y a trepar por las manos.

Mantenga su colmena ordenada

También es importante mantener un entorno limpio alrededor de tus colmenas. Te mantendrá sano tanto a ti como a tus abejas, lo que puede sorprenderte. Vacíe siempre las cajas de las colmenas, o asegúrese de que no quedan puertas y panales viejos, ya que este material perfumado con miel atrae a zorrillos, mapaches e incluso osos. Estas criaturas son un peligro no sólo para tus colmenas, sino para ti. Por eso es muy importante mantener todo en orden.

Mantenga limpio su equipo

El bienestar de sus abejas puede verse influido por la forma en que trate sus colmenas y otros suministros. Hay que tener mucho cuidado al utilizar el material. Una buena limpieza puede desempeñar un papel importante para evitar la transmisión de infecciones.

Tenga en cuenta que la limpieza a fondo y la esterilización de las colmenas y la maquinaria pueden resultar muy difíciles. Antes de empezar, compruebe que dispone de todos los suministros y equipos adecuados para el trabajo. ¿Alguna vez se ha preguntado cuándo desinfectamos nuestras máquinas, suministros y cajas?

SEGURIDAD APÍCOLA

· Cuando lleves tus cajas para guardarlas al final de la temporada

· Si las colonias están infectadas o enfermas

· Cada vez que pienses en reutilizar una de tus herramientas

· Cuando decides transferir cosas de una colonia a otra.

· Si las herramientas envejecen o se infectan con bacterias.

Enfermedad de Lyme

A pesar de sus muchas ventajas, la apicultura conlleva una serie de posibles amenazas y peligros. Más recientemente, el alto riesgo de contraer enfermedades como la de Lyme se ha convertido en un gran peligro para los apicultores, sobre todo en el noreste de Estados Unidos.

Las garrapatas pueden propagar la bacteria causante de la enfermedad de Lyme. Por ello, se recomienda encarecidamente a los apicultores que busquen garrapatas al volver del apiario.

· Las pruebas de garrapatas deben ser completas y realizarse en un entorno especial.

· También existen en mercado productos que ayudan a eliminar las garrapatas.

· Llevar camisetas de manga larga de colores claros y pantalones largos para que las garrapatas sean más fáciles de encontrar.

SEGURIDAD APÍCOLA

¡Por fin!

Sin duda, la apicultura consiste en aprender más por el bien de tus abejas, del medio ambiente y de ti mismo. La experiencia, la miel y muchas otras ventajas que incluso tú puedes imaginar serán tu recompensa. Seguirás disfrutando de tu tiempo en la colmena siempre que seas consciente de los problemas que pueden surgir y tomes las precauciones necesarias para mantenerte sano.

Siga todos estos procedimientos y podrá quitarse el aguijón de trabajar con abejas.

Capítulo 8: Puesta en marcha de una Empresa paso a paso

EMPEZAR A TRABAJAR

Sólo en Estados Unidos hay más de treinta millones de negocios desde casa.

Muchas personas sueñan con la independencia y la recompensa económica de tener un negocio en casa. Por desgracia, dejan que la parálisis por análisis les impida pasar a la acción. Este capítulo está diseñado para darle una hoja de ruta para empezar. El paso más difícil en cualquier viaje es el primero.

Anthony Robbins creó un programa llamado Poder Personal. Estudié el programa hace mucho tiempo, y hoy lo resumiría diciendo que debes encontrar la manera de motivarte para emprender acciones masivas sin miedo al fracaso.

2 Timoteo 1:7 Versión Reina Valera

"Porque no nos ha dado Dios espíritu de cobardía, sino de poder, de amor y de dominio propio".

PASO Nº 1 CREA UNA OFICINA EN TU CASA

Si te tomas en serio lo de ganar dinero, rehaz la cueva del hombre o la cueva de la mujer y crea un lugar para hacer negocios, sin interrupciones.

PASO Nº 2 RESERVE TIEMPO PARA SU NEGOCIO

Si ya tienes un trabajo, o si tienes hijos, pueden quitarte mucho tiempo. Por no hablar de los amigos bienintencionados que utilizan el teléfono para convertirse en ladrones de tiempo. Dedique tiempo a su negocio y cúmplalo.

PASO Nº 3 DECIDIR EL TIPO DE NEGOCIO

No tienes que ser rígido, pero empieza con el fin en mente. Puedes ser más flexible a medida que adquieras experiencia.

PASO Nº 4 FORMA JURÍDICA DE SU EMPRESA

Las tres formas jurídicas básicas son la empresa unipersonal, la sociedad colectiva y la sociedad anónima. Cada una tiene sus ventajas. Visite www.Sba.gov, infórmese sobre cada una de ellas y tome una decisión.

PASO Nº 5 ELEGIR UN NOMBRE COMERCIAL Y REGISTRARLO

Una de las formas más seguras de elegir un nombre comercial es utilizar su propio nombre. Al utilizar tu propio nombre no tienes que preocuparte por las violaciones de los derechos de autor.

No obstante, consulte siempre a un abogado o a la autoridad legal competente cuando se trate de asuntos jurídicos.

PASO Nº 6 REDACTAR UN PLAN DE EMPRESA

Esto parece obvio. Sea cual sea su objetivo, debe tener un plan. Debes tener un plan de negocio. En la NFL unos siete entrenadores son despedidos cada temporada. Así que en un negocio muy competitivo, un hombre sin experiencia como entrenador principal fue contratado por los Philadelphia Eagles de la NFL. Se llamaba Andy Reid. Andy Reid se convertiría más tarde en el entrenador con más éxito de la historia del equipo. Una de las razones por las que el propietario le contrató fue porque tenía un plan de negocio del tamaño de una guía telefónica. Su plan de negocio no tiene por qué ser tan grande, pero si planifica todo lo posible, es menos probable que se ponga nervioso cuando las cosas no salgan según lo previsto.

PASO Nº 7 LICENCIAS Y PERMISOS ADECUADOS

Ve al ayuntamiento e infórmate de lo que tienes que hacer para montar un negocio en casa.

PASO #8 CREAR UN SITIO WEB, SELECCIONAR TARJETAS DE VISITA, PAPELERÍA, FOLLETOS

Es una de las formas menos costosas no sólo de poner en marcha su negocio, sino también de promocionarlo y crear una red de contactos.

PASO Nº 9 ABRIR UNA CUENTA CORRIENTE COMERCIAL

Tener una cuenta comercial separada facilita mucho el seguimiento de los beneficios y los gastos. Esto te resultará muy útil, tanto si decides hacer tus propios impuestos como si contratas a un profesional.

PASO Nº 10 ¡ACTÚA HOY MISMO!

No pretende ser un plan exhaustivo para crear una empresa. Su objetivo es indicarle la dirección correcta para empezar. En la Agencia Federal para el Desarrollo de la Pequeña Empresa (Small Business Administration) encontrará muchos recursos gratuitos para poner en marcha su empresa. Incluso tienen un programa (SCORE) que le dará acceso a muchos profesionales jubilados que le asesorarán de forma gratuita.
Su sitio web: www.score.org

Capítulo 9: Cómo redactar un plan de empresa

CÓMO REDACTAR UN PLAN DE

Millones de personas quieren saber cuál es el secreto para ganar dinero. La mayoría ha llegado a la conclusión de que es crear una empresa. ¿Cómo se crea una empresa? Lo primero que hay que hacer para montar un negocio es crear un plan de empresa.

Un plan de empresa es una declaración formal de un conjunto de objetivos empresariales, las razones por las que se consideran alcanzables y el plan para alcanzarlos. También puede contener información de fondo sobre la organización o el equipo que intenta alcanzar esos objetivos.

Un plan de empresa profesional consta de ocho partes.

1. Resumen ejecutivo

El resumen ejecutivo es una parte muy importante de su plan de empresa. Muchos la consideran la parte más importante porque en ella se resume el estado actual de la empresa, adónde quiere llevarla y por qué el plan de negocio que ha elaborado será un éxito. A la hora de solicitar fondos para poner en marcha tu empresa, el resumen ejecutivo es una oportunidad para llamar la atención de un posible inversor.

2. Descripción de la empresa

La parte del plan de empresa dedicada a la descripción de la empresa ofrece un resumen de alto nivel de los distintos aspectos de su negocio. Es como resumir tu discurso de ascensor para ayudar a los lectores y posibles inversores a comprender rápidamente el objetivo de tu empresa y lo que la hará destacar, o qué necesidad única cubrirá.

3. Análisis del mercado

La parte de análisis de mercado de su plan de empresa debe entrar en detalle sobre el mercado de su sector y su potencial monetario. Debe demostrar una investigación detallada con estrategias lógicas para la penetración en el mercado. ¿Utilizará precios bajos o alta calidad para penetrar en el mercado?

4. Organización y gestión

La sección Organización y gestión sigue al Análisis de mercado. Esta parte del plan de empresa incluirá la estructura organizativa de su empresa, el tipo de constitución de la estructura empresarial, la propiedad, el equipo directivo y las cualificaciones de todas las personas que ocupan estos cargos, incluido el consejo de administración si es necesario.

5. Servicio o línea de productos

La parte de la línea de servicio o producto de su plan de empresa le da la oportunidad de describir su servicio o producto. Concéntrese en los beneficios para los clientes más que en lo que hace el producto o servicio. Por ejemplo, un aparato de aire acondicionado produce aire frío. El beneficio del producto es que enfría y hace que los clientes se sientan más cómodos tanto si están conduciendo en medio del tráfico como si están enfermos en una residencia de ancianos. Los aparatos de aire acondicionado cubren una necesidad que puede significar la diferencia entre la vida y la muerte. Utilice esta sección para indicar cuáles son las ventajas más importantes de su producto o servicio y qué necesidad satisface.

6. Marketing y ventas

Disponer de un plan de marketing probado es un elemento esencial para el éxito de cualquier empresa. Hoy en día, las ventas en línea dominan el mercado. Presente un sólido plan de marketing en Internet y en las redes sociales. Los vídeos de YouTube, los anuncios de Facebook y los comunicados de prensa pueden formar parte de su plan de marketing en Internet. Repartir folletos y tarjetas de visita sigue siendo una forma eficaz de llegar a los clientes potenciales.

Utiliza esta parte de tu plan de empresa para indicar tus ventas previstas y cómo has llegado a esa cifra. Investiga sobre empresas similares para obtener posibles estadísticas sobre cifras de ventas.

7. Solicitud de financiación

Cuando redacte la sección de solicitud de financiación de su plan de empresa, asegúrese de ser detallado y de disponer de documentación sobre el coste de los suministros, el espacio del edificio, el transporte, los gastos generales y la promoción de su empresa.

8. Proyecciones financieras

A continuación figura una lista de los estados financieros importantes que debe incluir en el paquete de su plan de empresa.

Datos financieros históricos

Sus datos financieros históricos serían extractos bancarios, balances y posibles garantías para su préstamo.

Datos financieros prospectivos

La sección de datos financieros prospectivos de su plan de empresa debe mostrar su crecimiento potencial dentro de su sector, con una proyección de al menos los próximos cinco años.

Puede hacer proyecciones mensuales o trimestrales para el primer año. Luego proyecta de año en año.

Incluya un análisis de ratios y tendencias para todos sus estados financieros. Utilice gráficos de colores para explicar las tendencias positivas, como parte de la sección de proyecciones financieras de su plan de negocio.

CÓMO REDACTAR UN PLAN DE

Anexo

El apéndice no debe formar parte del cuerpo principal de su plan de empresa. Sólo debe facilitarse cuando sea necesario. Tu plan de empresa puede ser visto por mucha gente y no querrás que cierta información esté disponible para todo el mundo. Los prestamistas pueden necesitar esa información, así que debe tener un apéndice preparado por si acaso.

El apéndice incluiría:

Historial crediticio (personal y

empresarial) Currículum vitae de

los principales directivos Fotos

de los productos

Cartas de referencia

Detalles de los estudios de

mercado

Artículos de revistas o referencias

de libros pertinentes Licencias,

permisos o patentes

Documentos jurídicos

Copias de contratos de

arrendamiento

Licencias de obras

Contratos

Lista de asesores comerciales, incluidos abogado y contable

Lleve un registro de las personas a las que permite ver su plan de empresa.

Incluya un descargo de responsabilidad sobre la colocación privada. Un descargo de responsabilidad de colocación privada es un memorando de colocación privada (PPM) es un documento centrado principalmente en los posibles inconvenientes de una inversión.

Capítulo 10:

5 millones de dólares para financiar su empresa

5 MILLONES DE

Los préstamos garantizados por la Agencia Federal para el Desarrollo de la Pequeña Empresa (AFE) pueden ir desde los 500 $ hasta los 500 $.
¡5 millones de dólares!

El dinero puede utilizarse para diversas necesidades de la empresa, incluida la compra de activos fijos a largo plazo y para gastos de funcionamiento. Algunos programas de préstamos tienen restricciones en cuanto al uso del dinero, por lo que tendrá que consultar a un prestamista autorizado por la Agencia Federal para el Desarrollo de la Pequeña Empresa cuando busque un préstamo. El prestamista puede el préstamo adecuado para las necesidades de su empresa.

Capital circulante

El capital circulante puede consistir en financiación estacional, préstamos a la exportación, crédito renovable y refinanciación de la deuda empresarial.

Activos fijos

Los activos fijos pueden ser equipos de oficina, propiedades, herramientas, maquinaria, equipamiento empresarial, construcción y remodelación.

5 MILLONES DE

Requisitos

Los prestamistas y los programas de préstamos tienen distintas líneas directrices de elegibilidad. Básicamente, la elegibilidad está relacionada con lo que una empresa hace para recibir su financiación, el carácter de su propiedad y la ubicación de las operaciones de la empresa. Por lo general, las empresas deben cumplir normas de tamaño.

¿Qué es un estándar de tamaño de pequeña empresa?

En la mayoría de los casos, el tamaño estándar de una empresa se expresa en número de empleados o ingresos anuales medios, y representa el mayor tamaño que puede tener una empresa (incluidas sus filiales y empresas asociadas) para seguir siendo clasificada como pequeña empresa a efectos de la Administración de Pequeñas Empresas y los programas de contratación pública. La definición de "pequeña" puede variar según el sector.

Cómo calcular el tamaño de su pequeña empresa

Las normas de tamaño se basan principalmente en los ingresos anuales medios o en el número medio de empleados.

5 MILLONES DE

Requisitos

Debe ser capaz de devolver el préstamo. Debe tener un objetivo empresarial creíble. Las personas con mal crédito todavía pueden calificar para el dinero de inicio de negocios.
Las entidades crediticias le facilitarán una lista de las líneas maestras y los requisitos para su préstamo. He aquí algunos más.

Ser una empresa con ánimo de lucro

La empresa está debidamente registrada y funciona

como una empresa legal.

Hacer negocios en EE.UU.

La empresa está ubicada físicamente y opera en

Estados Unidos y/o sus territorios.

Ha invertido capital

Usted, como empresario, ha invertido su propio

tiempo y dinero en la empresa.

5 MILLONES DE

Requisitos

Agotar las opciones de financiación

La empresa no puede obtener dinero de ningún otro prestamista financiero.

Préstamos para exportadores

La mayoría de los bancos estadounidenses consideran que los préstamos para exportadores son arriesgados. Esto puede dificultar la obtención de préstamos para cosas como las operaciones cotidianas, los pedidos anticipados a proveedores y la refinanciación de deudas. Por eso, la Agencia Federal para el Desarrollo de la Pequeña Empresa (Small Business Administration) ideó programas para facilitar a las pequeñas empresas estadounidenses la obtención de préstamos para un negocio de exportación.

Para saber cómo puede ayudarle la SBA a obtener un préstamo a la exportación, póngase en contacto con su especialista local en financiación del comercio internacional de la Agencia Federal para el Desarrollo de la Pequeña Empresa o con la Oficina de Comercio Internacional de la Agencia Federal para el Desarrollo de la Pequeña Empresa.

https://www.sba.gov/funding-programs/loans

Capítulo 11: Colossal Cash Crowdfunding

COLOSSAL CASH CROWDFUNDING

En 2015 se recaudaron más de 34.000 millones de dólares mediante crowdfunding. Los orígenes del crowdfunding y el crowdsourcing se remontan a 2005 y ayudan a financiar proyectos recaudando dinero de un gran número de personas, normalmente a través de Internet.

Este tipo de recaudación de fondos o capital riesgo suele tener 3 componentes. El individuo o la organización con un proyecto que necesita financiación, grupos de personas que donan al proyecto, y una organización establece una estructura o reglas para poner los dos juntos.

Estos sitios web cobran tasas. La comisión estándar por éxito ronda el 5 %. Si no se el objetivo, también se cobra una comisión.

A continuación se muestra una lista de los mejores sitios web de Crowdfunding según mi opinión y la de Sally Outlaw, colaboradora de la revista Entrepreneur.

—

COLOSSAL CASH CROWDFUNDING

https://www.indiegogo.com/

Comenzó como una plataforma para películas y ahora ayuda a recaudar fondos para cualquier causa.

http://rockethub.com/

Comenzó como una plataforma para las artes, pero ahora ayuda recaudar fondos para empresas, ciencia, proyectos sociales y educación.

http://peerbackers.com/

Peerbackers se centra en recaudar fondos para empresas, emprendedores e innovadores.

https://www.kickstarter.com/

El más popular y conocido de todos los sitios web de crowdfunding. Kickstarter se centra en el cine, la música, la tecnología, los juegos, el diseño y las artes creativas. Kickstarter solo acepta proyectos Estados Unidos, Canadá y Reino Unido.

COLOSSAL CASH CROWDFUNDING

http://group.growvc.com/

Este sitio web está destinado a la innovación empresarial y tecnológica.

https://microventures.com/

Acceda a inversores providenciales. Este sitio web está dirigido a empresas de nueva creación.

https://angel.co/

Otro sitio web para la creación de empresas.

https://circleup.com/

Circle up es para empresas de consumo innovadoras.

https://www.patreon.com/

Si abres un canal en YouTube (muy recomendable) oirás hablar de este sitio web con frecuencia. Este sitio web es para gente creativa.

COLOSSAL CASH CROWDFUNDING

https://www.crowdrise.com/

"Recauda dinero para cualquier causa que te inspire". El eslogan de la página de aterrizaje habla por sí solo. #Página web nº 1 en recaudación de fondos para causas personales.

https://www.gofundme.com/

Este sitio web de recaudación de fondos permite a las empresas, la caridad, educatiion, emergencias, deportes, médicos, monumentos, animales, la fe, la familia, los recién casados, etc ...

https://www.youcaring.com/

El líder en recaudación de fondos gratuita. Más de 400 millones de dólares recaudados.

https://fundrazr.com/

"FundRazr se centra en eliminar las conjeturas a la hora de recaudar dinero en línea para tu campaña. Utilizan la tecnología y la orientación de las redes sociales para que contar tu historia sea fácil, compartirla con la comunidad más amplia, sencillo, y recaudar el dinero sin preocupaciones". "

Capítulo 12:

Anúnciese gratis mil millones de personas.

YouTube Video Marketing
Visión general

Vídeo marketing del millón de dólares

Cuando leyó el título de este capítulo, quizá pensó que el término "millón de dólares" era una hipérbole.
Sin embargo, la belleza de la comercialización de vídeo es que se puede hacer de forma gratuita, y que realmente hay varias personas que hacen millones de dólares en su vídeo de YouTube. Lo que significa que permiten que los anuncios se coloquen en ellos y se les paga una parte de lo que Google obtiene de las empresas que ejecuta los anuncios.

Como sólo reciben una parte de lo que se paga, eso significa que si ganan un millón de dólares, el vídeo ha producido en realidad varios millones de dólares en ingresos publicitarios.

Esta es la lista de los millonarios de YouTube según la revista Forbes en su edición del 20 de diciembre de 2016.

Nombre/canal de Youtube   **Ingresos 2016**

1. Pewdiepie   15 millones de dólares

Hace vídeos de sí mismo jugando a videojuegos y haciendo comentarios groseros sobre chicas bailando.

2. Atwood   8 millones de dólares

YouTube Video Marketing
Visión general

Promociona productos y tours con otros Youtubers.

3. Lilly Singh   7,5 millones de dólares

Realiza sketches cómicos en los que se presenta a sí misma hablando de sus padres y de sus problemas sentimentales.

Nombre/canal de YouTube	Ingresos de 2016
4. Smosh	7 millones de dólares

Dúo cómico.

5. Rosanna Pasino Nerdie Nummies $6 Million

Baking show

6. Markipler   5,5 millones

de comentarios sobre videojuegos.

7. Germán Garmendia   5,5 millones

de dólares Consiguió un contrato editorial con su

canal de YouTube

8. Miranda canta

Comediante de 5 de dólares

9. Collen Ballinger Comediante

de 5 millones de dólares

10. Tyler Oakley 5 millones de

dólares hacen un diario.

Activista LGBT

Y estos son sólo algunos de los que más ganan. Hay muchos más que ganan 50.000 dólares al mes hablando de cine, de cómo maquillarse o grabando un día en un parque de atracciones.

Claves para el éxito del marketing con vídeo

1. Compromiso

Aunque muchos de los mejores YouTubers son divertidos, se toman su negocio muy en serio. Una de las primeras cosas que tienes que entender es que se necesita compromiso para tener éxito en YouTube.

Muchos de los YouTubers de éxito publican vídeos a diario. Una de ellas es Grace Randolph (Beyond the Trailer). Grace comenta noticias y trailers de películas. Suele subir de 1 a 3 vídeos al día.

YouTube Video Marketing
Visión general

2. Investigación

Poner un vídeo no es garantía de visitas. Tienes que investigar cada vídeo. Investiga si el tema es popular o está de moda. Investiga qué palabras clave deberías utilizar en tu vídeo. Investiga el éxito de otros vídeos. Si te saltas la investigación, te saltas el éxito.

3. Popularidad

Hay ciertos temas en YouTube que son extremadamente populares. Star Wars, Disney, mujeres con poca ropa, videojuegos, comedia. Conozca el nivel de popularidad de sus temas e intente utilizar la planificación de palabras clave para alcanzar el nivel más alto posible. Hay material educativo que es muy valioso, pero no es popular.

VISIÓN GENERAL DEL MARKETING A COSTE CERO

Este es un plan de marketing online de coste cero para cualquier negocio, causa o idea que desee promocionar. Este plan le mostrará paso a paso cómo utilizar la comercialización en línea con YouTube y Marketing de Artículos para obtener publicidad gratuita para cualquier producto. Además, este capítulo le mostrará cómo utilizar este plan de marketing de coste cero para crear un flujo de ingresos pasivos.

YouTube Video Marketing
Visión general

Algunas definiciones clave

YouTube es un sitio web para compartir vídeos con sede en San Bruno, California, Estados Unidos. El servicio fue creado por tres antiguos empleados de PayPal en febrero de 2005. En noviembre 2006, fue comprado por Google por 1.650 millones de dólares. Según el Huffington Post, YouTube tiene mil millones de usuarios activos al mes. Es decir, casi una de cada dos personas en Internet.

AdSense (Google AdSense) es un servicio de colocación de publicidad de Google. El programa está diseñado para editores de sitios web que deseen mostrar anuncios de texto, vídeo o imágenes en las páginas web y ganar dinero cuando los visitantes del sitio vean o hagan clic en los anuncios.

El hipervínculo es un enlace desde un archivo o documento de hipertexto a otra ubicación o archivo, que suele activarse haciendo clic en una palabra o imagen resaltada en la pantalla.

Sombrero negro

En la terminología de la optimización de motores de búsqueda (SEO), el SEO de sombrero negro se refiere al uso de estrategias, técnicas y tácticas agresivas de SEO que se centran únicamente en los motores de búsqueda y no en una audiencia humana, y normalmente no obedecen las directrices de los motores de búsqueda.

YouTube Video Marketing
Visión general

Primeros pasos

Para empezar, abre una cuenta en YouTube. Ve a
www.YouTube.com y sigue las instrucciones paso a paso. A
continuación, abra una cuenta de AdSense.
La cuenta de AdSense tardará aproximadamente una
semana en abrirse. AdSense está vinculado a su cuenta de
YouTube y a su cuenta bancaria. AdSense utilizará su
número de ruta de 9 dígitos para depositar una pequeña
cantidad de dinero en su cuenta bancaria. A continuación,
tiene que informar a AdSense de la cantidad depositada.
Una vez confirmado el depósito, AdSense le enviará una
tarjeta postal para verificar su dirección. A continuación,
debe informar a AdSense el número pin que se encuentra
en la postal. Una vez que toda la verificación se lleva a cabo
YouTube le permite conectar todas las cuentas y al hacerlo,
ahora puede monetizar sus vídeos y crear un flujo de
ingresos pasivos.

Redes sociales

Deberías unirte a sitios web de medios sociales como
Facebook, Google Plus, Digg, Twitter, Linkedin, Tumbler y
Pinterest. Cada vez que subas un vídeo. Cuando haya
terminado de optimizarlo, debe vincularlo a todos sus sitios
web de medios sociales. Esto crea Backlinks. Un Backlink es
un hipervínculo entrante de una página web a otra. Google
y YouTube clasificarán mejor tu vídeo si tiene un buen
número de Backlinks. Sin embargo, si tiene demasiados y
parece que los ha creado artificialmente, Google y YouTube
pueden castigarle eliminando su vídeo.

YouTube Video Marketing
Visión general

Siempre y cuando usted está backlinking orgánicamente y no el uso de software de sombrero negro o sitios web de sombrero negro, usted debe encontrar con Google y YouTube.

Enséñame el dinero

La monetización consiste en permitir que AdSense coloque anuncios antes de tus vídeos o en ellos. Si se hace clic en los anuncios, usted gana dinero. Si los anuncios son vistos en su totalidad usted gana dinero.

Después de configurar tus cuentas, tienes que reunir todas las herramientas que vas a utilizar para crear vídeos. Puedes crear tus vídeos utilizando una cámara de vídeo estándar y un trípode y grabarte a ti mismo. O cualquier otra forma de capturar vídeo.
Sin embargo, para este programa vamos a "coste cero", por lo que no habrá necesidad de comprar u obtener una cámara de vídeo.

Herramientas gratuitas para crear vídeos

Vamos a utilizar el software "Screen Capture". Vaya a http://screencast-o-matic.com/home para descargar un software gratuito de captura de pantalla llamado Screencast-o- Matic. Hay dos versiones. La versión gratuita te permite grabar hasta 15 minutos de contenido y coloca una marca de agua en todas tus grabaciones.
La versión pro hace grabaciones más largas y tiene herramientas de edición y no marca de agua. La versión pro cuesta
15 dólares al año y puede merecer la pena la inversión una vez que su negocio empiece a generar beneficios.

YouTube Video Marketing
Visión general

La siguiente herramienta que utilizarás para crear tus vídeos es una copia gratuita del paquete de software ofimático Apache OpenOffice. Visita https://www.openoffice.org/download/ para descargar el software.

Contenido 100% libre de derechos de autor

Ahora que tienes las herramientas para crear un vídeo, necesitas contenido. Wikipedia es una excelente fuente de contenido libre de derechos de autor, que puedes utilizar para crear tus vídeos. Hay muchas frases de palabras clave puede utilizar para encontrar material. Más adelante en este capítulo aprenderás a utilizar el Planificador de anuncios de Google para obtener las mejores frases de palabras clave para utilizar en tus vídeos.

YouTube Video Marketing
SEO - La clave de la riqueza en

Optimización de motores de búsqueda

Analítica: Visualización de vídeos

A lo largo de este capítulo voy a hablar de muchos análisis de YouTube que influyen en la clasificación de tu vídeo en YouTube. Una vez que alguien hace clic en tu vídeo para verlo, YouTube hace un seguimiento de cuántos minutos se ha visto. Los vídeos que se ven de principio a fin obtienen una clasificación más alta basándose en la creencia de que el contenido es bueno porque el espectador sigue . Por esta razón, suele ser una buena idea mantener la mayoría de tus vídeos por debajo de los cinco minutos. Además, esto te permite crear más vídeos sobre un tema relacionado. Es mejor tener veinte vídeos de 3 minutos que uno de 1 hora, porque es más probable que los vídeos de 3 minutos se vean enteros. También mediante la creación de 20 videos que ahora tiene 20 lugares posibles para AdSense para colocar anuncios monetizados y por lo tanto aumentar su potencial de ingresos 20 veces.

Etiquetas, palabras clave y frases de palabras

clave Las etiquetas, las palabras clave y las frases de

palabras clave son las más

parte importante de la clasificación de un vídeo en YouTube en la primera página de YouTube. Hay un viejo dicho... "Si cometes un asesinato, ¿dónde escondes el cuerpo, donde nadie lo encuentre? En la segunda página de Google".

YouTube Video Marketing
SEO - La clave de la riqueza en

Aunque estamos trabajando en YouTube el principio es el mismo. Debe posicionarse en la primera página de YouTube para que su vídeo obtenga visitas del tráfico estándar del sitio web de YouTube.

Las palabras clave son palabras relacionadas con su vídeo. Algunas palabras clave para los negocios son:

Negocios, Marketing y Start-up Las

frases clave para negocios son:

cómo ganar dinero desde casa, marketing en internet, subvenciones para pequeñas empresas

Las etiquetas son palabras o frases clave que colocas en la página de edición de tu vídeo de YouTube para que los espectadores lo encuentren.

Tu objetivo es intentar clasificarte entre los 20 primeros (aparecer en la primera página de YouTube) para todas o la mayoría de las etiquetas de tu vídeo.

Título de su vídeo

El título de su vídeo debe ser una frase de palabras clave para la que desee posicionarse. También debe ser relevante para el contenido del vídeo. Cuando el título, las etiquetas y la descripción son relevantes, aumentan tus posiciones en YouTube.

Descripción del vídeo

Cada vídeo puede tener una descripción. En la parte superior del cuadro de descripción, es donde debe colocar un enlace en el que se pueda hacer clic o un hipervínculo, ya sea a su sitio web o a otro vídeo que desee que vea el espectador. Debajo del enlace debe haber una descripción del vídeo con contenido relativo al vídeo. Un atajo que puedes utilizar es cortar y pegar el guión del vídeo en la descripción.

La descripción del vídeo también debe contener las palabras clave que has utilizado como etiquetas. Esto aumenta la relevancia del vídeo.

También deberías incluir en el vídeo enlaces a las direcciones de tus redes sociales.

Ajustes de medio tiempo

Las etiquetas que posicionan tu vídeo entre los 20 primeros deben colocarse en el encabezado/título del vídeo para aumentar aún más su clasificación.

Un software que te ayuda a ahorrar una enorme cantidad de tiempo haciendo esto se llama Tube Buddy.

https://www.tubebuddy.com/

YouTube Video Marketing
Escribir el guión

CREACIÓN DE CONTENIDOS

Tienes dos opciones para crear contenidos. Vídeo en pantalla de ti mismo utilizando una cámara digital o la cámara de un teléfono. Toma notas de lo que vas a comentar.

Conoce bien el tema antes de grabar. Consejos de

grabación:

* Utiliza una buena iluminación.

* Intenta grabar cerca de una ventana el día.

* Limite al el ruido de fondo.

* Utiliza un vídeo estilo captura de pantalla POWERPOINT.

* Crear viñetas

* Utiliza programas gratuitos como jing o camstudio para grabarlo. También puede obtener una prueba gratuita de 30 días de camtasia de TechSmith

* www.screencast-o-matic.com es otra solución gratuita.

* Utiliza el micrófono integrado de tu ordenador.

YouTube Video Marketing
Escribir el guión

* Utilizar un micrófono usb es ideal, pero no obligatorio.

* si tu o tus hijos teneis unos auriculares usb para juegos que funcionen tambien.

* la mayoría de los teléfonos

 inteligentes tienen una opción de grabación en mp3.

Escribir el guión

Intente utilizar en su guión palabras que capten y mantengan la atención del espectador. Palabras como... tú, quiero, ahora, gratis, tiempo limitado, All-American, imaginar y cómo, son sólo algunas de las muchas palabras que se ha demostrado que despiertan las emociones de los espectadores. Ver algunos vídeos de redacción en YouTube le ayudará a elegir palabras que llamen la atención.

AIDA es un acrónimo utilizado en marketing y publicidad que describe una lista común de acontecimientos que pueden producirse cuando un consumidor interactúa con un anuncio.

- A - atención (awareness): atraer la atención del cliente.
- I - interés del cliente.
- D - deseo: convencer a los clientes de que quieren y desean el producto o servicio y de que éste satisfará sus necesidades.
- A - acción: llevar a los clientes a actuar y/o comprar.

YouTube Video Marketing
Escribir el guión

El uso de un sistema de este tipo permite tener una idea general de cómo dirigirse a un mercado de forma eficaz. Al pasar de un paso a otro, se pierde cierto porcentaje de clientes potenciales.

AIDA es un modelo histórico, más que representar el pensamiento actual en los métodos de eficacia publicitaria.

Una regla básica para escribir el guión es que un párrafo equivale a unos 60 segundos de conversación. Por lo tanto, si quieres grabar un vídeo de 3 minutos, debes crear un documento de 3 párrafos para el guión. Intenta utilizar en el guión palabras que tengan relación con el título del vídeo.

También puedes cortar y pegar tu guión en un editor de vídeo de YouTube y hacer que tu vídeo tenga subtítulos. Esto aumentará su clasificación en el motor de búsqueda de YouTube y permitirá que más personas entiendan su vídeo y aumenten sus visitas.

CREAR TEMAS PARA SUS VÍDEOS

Es hora de hacer una lluvia de ideas y escribir los temas de tus vídeos.

Recuerde que podría elegir un vídeo en torno a su propio producto informativo si lo tuviera.

Coge un bloc de notas y piensa en
10 o 20 preguntas frecuentes sobre tu negocio.

http://answers.yahoo.com

Es una buena fuente para averiguar qué interesa a los
clientes potenciales de su negocio.

Busque también artículos en ezinearticles.com y vea qué
temas son los que más aparecen para artículos
relacionados con su negocio.

También puedes navegar por foros

relacionados con tu negocio.

Eche un vistazo a los productos de información sobre
su mercado objetivo.

Cuando hagas un vídeo con preguntas frecuentes, cada
faq puede ser un vídeo corto de 1 a 3 minutos.

Utilice nichesuggest.com para obtener una lista de
posibles ideas de palabras clave, así como seocentro y
el planificador de palabras clave de google.

Haga una lluvia de ideas de 5 a 10 vídeos adicionales
orientados a soluciones. Debes explicar por qué la
solución que ofreces es mejor y por qué la
recomendación de tu producto resuelve el problema de
tu cliente.

YouTube Video Marketing
Escribir el guión

Intenta pensar en todas las ventajas posibles. Lee otras reseñas de productos o negocios similares o consulta páginas de ventas para obtener ideas de contenido para tus vídeos.

Crear un cierre polivalente

Hay ciertas cosas que deberías decir en casi todos tus vídeos:

* Dar las gracias al espectador por vernos

* Pídele al espectador que le dé a "Me gusta" o "Pulgar arriba".

* Pide al espectador que se suscriba a tu canal de YouTube

* Pedir al espectador que deje un comentario

* Pide al espectador que comparta el enlace del vídeo con sus amigos o en las redes sociales

SU LLAMADA A LA ACCIÓN

envíe a los visitantes de su sitio web a diversos lugares.

* Un sitio web gratuito a través de weebly.com

* Una página gratuita a través de squidoo.com

* Un blog gratuito a través de blogspot.com

Utilice un enlace de seguimiento como
www.bit.ly o www.tinyurl.com

tenga cuidado ya que estos enlaces

 pueden cambiar en usted.

YouTube Video Marketing
Escribir el guión

CARGAR VÍDEO

Crea tu cuenta en www.youtube.com puedes utilizar una cuenta de google si ya tienes una creada. Sube tu vídeo. A continuación, pon un título rico en palabras clave. Mira otros ejemplos de vídeos que funcionen bien en ese espacio. Utiliza palabras clave de tu nicho o negocio e investiga el tema y escribe una buena descripción con las palabras clave.

Intente incluir al menos 2 frases en su descripción. Más contenido en su descripción no le perjudicará. Incluye el enlace a tu sitio web al principio de la descripción. Utiliza el formato http://www.yourfreelink.com para animar a que te guste, hacer comentarios o dar tu opinión sincera al final de la descripción. Haz también una llamada a la acción en la descripción.

Recursos apícolas

RECURSOS APÍCOLAS

Esta sección de recursos no sólo es un lugar estupendo para conseguir material para poner en marcha tu negocio, sino que también te muestra diferentes modelos de negocio de los que aprender. ¿Qué productos tienen en stock? ¿Qué diseño de sitio web es el más fácil de navegar? ¿Qué precios aplican? No tienes que reinventar la rueda. Averigua lo que hacen los demás y hazlo un poco mejor.

La pandemia mundial de 2020 ha afectado a muchas empresas. En el momento de la publicación de este libro, abril de 2021, todas las empresas de esta sección estaban en funcionamiento.

www.honeybeesonline.com

The Honey Bees Online es una empresa familiar fundada en 1994 con una gran variedad de suministros apícolas. También tienen vídeos de formación en línea y un canal de YouTube. Así que si usted lee el capítulo de YouTube de este libro y se pregunta si realmente funciona ... Prueba A. Funcionará ... si usted lo trabaja. Este es uno de los sitios web más fáciles de navegar y tienen una gran selección de diferentes suministros para su negocio.

http://www.apiarybeekeepingsupplies.com/

Este es un sitio web de suministros apícolas con la mejor página de aterrizaje de la historia de Internet. Literalmente... la mejor página de aterrizaje. Tienen su sede en Arkansas y tienen una lista de apicultores locales en su sitio web. También tienen un catálogo gratuito de suministros y productos que se puede descargar.
870-305-1125

RECURSOS APÍCOLAS

www.beekeeping-tools.com

KingReal es una fábrica de material apícola profesional. Pueden personalizar sus pedidos de equipos. Envían a todo el mundo y han estado en el negocio desde 1995.

http://www.bbhoneyfarms.com/store/

B & B Honeyfarm lleva más de 40 años vendiendo suministros apícolas en todo el país.
Venden productos belleza y salud para colmenas, contenedores para abejas, cera para abejas, paquetes para abejas, abejas reinas y velas. Tienen suministros para apicultores comerciales y principiantes.

www.dadant.com

Suministros apícolas Dadant. Este sitio web tiene un excelente centro de aprendizaje en línea gratuito. Envío gratuito con pedidos superiores a 100 dólares. Comenzaron su actividad en 1863. Tienen oficinas en todo el país.

www.heartlandhoney.com

Heartland Honey tiene su sede en Misuri y Kansas. No tienen una gran variedad de suministros, pero venden miel, crema de miel y jabones artesanales. Este sitio web te da una idea de los posibles modelos de negocio que puedes tener para vender tus productos.

RECURSOS APÍCOLAS

www.hnbeekeeping.com

Proveedor de abejas Henan Beta. Hena Beta está especializada en la fabricación y exportación de equipos apícolas. Trabajan con pequeñas y medianas empresas apícolas. Tienen su sede en China y exportan a EE.UU., Europa, Chile y África.

www.gabees.com

Colmenares Rossman. Ofrecen envío gratuito. Rossman vende paquetes de abejas y abejas italianas. Tienen ropa y accesorios para apicultores. Productos educativos, así como contenedores de extracción y envasado. 1-800-333-7677

https://www.modernbeekeeping.co.uk/

Modern Beekeeping tiene su sede en el Reino Unido. Su sitio web contiene un catálogo completo de sus productos. Venden la mayoría de los productos apícolas habituales, así como ropa de protección para adultos y niños.

http://www.xstarpublishing.com/

Este sitio web contiene libros electrónicos sobre diversos temas apícolas.

RECURSOS APÍCOLAS

CONOCER EL RESULTADO

SCORE, la mayor red del país de mentores empresariales expertos y voluntarios, se dedica a ayudar a las pequeñas empresas a despegar, crecer y alcanzar sus objetivos. Desde 1964, hemos proporcionado formación y tutoría a más de 11 millones de empresarios.

SCORE es una organización sin ánimo de lucro 501(c)(3) y un socio de recursos de la Agencia Federal para el Desarrollo de la Pequeña Empresa (SBA). Gracias a este generoso apoyo de la SBA y a las contribuciones desinteresadas de nuestros más de 10.000 dedicados voluntarios, podemos ofrecer la mayoría de nuestros servicios sin coste alguno.

Servicios para pequeñas empresas de SCORE

SCORE ofrece una amplia gama de servicios tanto a propietarios de empresas ya establecidas como a empresarios en ciernes, entre los que se incluyen:

Tutoría

Los empresarios pueden acceder a asesoramiento empresarial gratuito y confidencial en persona en más de 250 sedes locales o a distancia por correo electrónico, teléfono y vídeo.

RECURSOS APÍCOLAS

Los mentores de SCORE, todos ellos expertos en iniciativa empresarial y campos afines, se reúnen con sus clientes de pequeñas empresas de forma continuada para proporcionarles asesoramiento y apoyo continuos.

Póngase en contacto con un mentor.

Seminarios web y cursos a la carta

SCORE ofrece periódicamente talleres gratuitos en línea sobre temas que van desde las estrategias de puesta en marcha hasta el marketing y las finanzas. Los asistentes pueden ver los seminarios en directo o las grabaciones en su tiempo libre. También ofrecemos cursos interactivos a la carta, para que puedas recorrer cada módulo a tu propio ritmo.

Inscríbase en un próximo seminario web en directo, explore las grabaciones de nuestros seminarios anteriores y siga nuestros cursos a la carta.

Biblioteca de recursos en línea

Los empresarios también pueden beneficiarse de la amplia colección de guías electrónicas, plantillas, listas de comprobación, blogs, vídeos, infografías y mucho más de SCORE. Nos esforzamos por ofrecer los contenidos educativos más relevantes y actuales para ayudar a los propietarios de pequeñas empresas y a los emprendedores a alcanzar el éxito.

RECURSOS APÍCOLAS

Consulte nuestra biblioteca de

recursos. Eventos locales

Muchas secciones locales de SCORE organizan talleres presenciales gratuitos o de bajo coste y mesas redondas sobre diversos temas.

https://www.score.org/

Conclusión

CONCLUSIÓN

La gente se dedica a la apicultura por varias razones, como la polinización cruzada de las flores, la reproducción y la exportación. Algunas personas quieren tener miel y otros productos apícolas, como cera o propóleos.

 Como hay tanto que descubrir sobre la apicultura, puede ser una afición muy interesante para los principiantes. Cada año, incluso los apicultores más experimentados se encuentran con una situación nueva. El nuevo apicultor necesita unos conocimientos básicos sobre por qué las abejas hacen lo que hacen, qué necesitan, a qué retos se enfrentan y cómo funcionan las herramientas apícolas.

Por eso, si te interesa la apicultura, aprende siempre a fondo sus fundamentos. No olvides que las colmenas deben estar situadas en un entorno donde tengas acceso a la luz solar adecuada, así como a flores y a un suministro de agua. Lo mejor será que encuentres un lugar donde los depredadores de abejas no puedan encontrarte.

La actividad de las abejas melíferas está totalmente influida por el entorno en el que . El mejor momento para abrir una colmena depende del clima y la geografía locales. Para saber cómo han triunfado otros, tienes que comunicarte con apicultores locales y grupos de apicultura de tu zona para conocer los trucos.

Uno de los elementos más agradables de la apicultura es ver cómo florecen las colmenas a lo largo de muchas temporadas. Esto no es muy sencillo; requiere tiempo, persistencia y la capacidad de detectar problemas y asistir a tus abejas cuando necesitan tu ayuda.

CONCLUSIÓN

Las abejas pueden tener muchos problemas. Algunos son el trastorno de colapso de la colonia, los ácaros o los depredadores. La buena noticia es que en este libro encontrarás muchas opciones que pueden ayudarte a enfrentarte a este tipo de situaciones.

Este libro le proporcionará información completa sobre todos los aspectos de la apicultura. Si es usted principiante o busca alguna herramienta práctica, lea este libro, ya que le orientará sobre por dónde empezar y, lo que es más importante, cómo hacerlo.

Debe comprender que el mero hecho de haber hecho los deberes, reunido todo el equipo, hecho los preparativos necesarios y establecido contacto con apicultores locales no garantiza que su colmena vaya a tener éxito siempre.

Aunque la apicultura es una afición gratificante, no está exenta de desafíos, algunos de los cuales pueden resultar difíciles de comprender.

Ahora que ha leído este libro, está más que preparado para afrontar esos retos y cosechar todos los beneficios que la apicultura puede ofrecerle.

Anímese y empiece... ¡hoy mismo!

Por último, si te ha gustado este libro, tómate tu tiempo para compartir tu opinión y publicar una reseña en Amazon. Se lo agradeceremos mucho.

Muchas gracias,

Brian Mahoney

Puede que también le guste:

Cómo conseguir dinero para la creación de pequeñas empresas: Cómo conseguir dinero masivo de Crowdfunding, Subvenciones del Gobierno y Préstamos del Gobierno.

www.amazon.com/dp/1951929144